卷烟新型快速分析技术

李 超　范多青　陈芳锐　编著
苏加坤　吴亿勤

JUANYAN XINXING KUAISU FENXI JISHU

华中科技大学出版社
http://press.hust.edu.cn
中国·武汉

内容简介

产品质量决定企业的生存与发展,卷烟产品质量是卷烟企业的生命线。烟草及烟草制品的化学成分复杂,快速、准确地测定烟草及其制品的内、外在成分对提高卷烟品质有重要的意义。本书围绕实时直接分析离子源-串联质谱(DART-MS/MS)技术、表面增强拉曼光谱(SERS)技术、高分辨质谱仪(Orbitrap-MS & TOF-MS)技术、低场核磁共振(NMR)技术共4项新型快速分析技术展开论述,介绍了各项技术的原理、结构、优缺点等,并着重说明了这些技术在卷烟工业中的应用。

本书内容丰富、深入浅出、通俗易懂,具有较强的科学性、知识性、实用性和参考性。列举大量烟草检验领域的实例来详述新型快速分析技术在卷烟工业中的应用是本书编写的亮点之一。本书有助于读者正确理解和掌握新型快速分析技术在卷烟产品及其原辅材料中的应用,适合作为烟草行业从业人员的工具书。

图书在版编目(CIP)数据

卷烟新型快速分析技术 / 李超等编著. -- 武汉:华中科技大学出版社,2024.11. -- ISBN 978-7-5772-1419-1

Ⅰ. TS47

中国国家版本馆CIP数据核字第20244NY060号

卷烟新型快速分析技术
Juanyan Xinxing Kuaisu Fenxi Jishu

李　超　范多青
陈芳锐　苏加坤　吴亿勤　编著

策划编辑:	吴晨希
责任编辑:	周江吟
封面设计:	原色设计
责任监印:	朱　玢
责任校对:	张会军
出版发行:	华中科技大学出版社(中国•武汉)　　电话:(027)81321913
	武汉市东湖新技术开发区华工科技园　　邮编:430223
录　　排:	华中科技大学惠友文印中心
印　　刷:	湖北金港彩印有限公司
开　　本:	787mm×1092mm　1/16
印　　张:	18　插页:2
字　　数:	405千字
版　　次:	2024年11月第1版第1次印刷
定　　价:	158.00元

本书若有印装质量问题,请向出版社营销中心调换
全国免费服务热线:400-6679-118　　竭诚为您服务
版权所有　侵权必究

编 委 会

编　著　李　超（昆明理工大学环境科学与工程学院在读博士、
　　　　　　云南中烟工业有限责任公司）
　　　　　范多青（云南中烟工业有限责任公司）
　　　　　陈芳锐（云南中烟工业有限责任公司）
　　　　　苏加坤（江西中烟工业有限责任公司）
　　　　　吴亿勤（云南中烟工业有限责任公司）

副主编　关　斌（云南中烟工业有限责任公司）
　　　　　叶　灵（云南中烟工业有限责任公司）
　　　　　许春平（郑州轻工业大学）
　　　　　吴秉宇（上海烟草集团有限责任公司）
　　　　　冯　欣（云南中烟工业有限责任公司）
　　　　　杨　蕾（云南中烟工业有限责任公司）
　　　　　唐　军（云南中烟工业有限责任公司）
　　　　　陈建华（云南中烟工业有限责任公司）
　　　　　高　阳（浙江中烟工业有限责任公司）
　　　　　张凤梅（云南中烟工业有限责任公司）
　　　　　杨　继（云南中烟工业有限责任公司）
　　　　　郑松锦（河北中烟工业有限责任公司）
　　　　　王庆华（云南中烟工业有限责任公司）
　　　　　赵　群（昆明理工大学环境科学与工程学院）
　　　　　赵美威（昆明学院）
　　　　　刘　巍（云南中烟工业有限责任公司）
　　　　　王　涛（云南中烟工业有限责任公司）
　　　　　张承明（云南中烟工业有限责任公司）
　　　　　徐杨斌（贵州中烟工业有限责任公司遵义卷烟厂）

编 委 朱　明（云南中烟工业有限责任公司）
罗　辰（上海烟草集团有限责任公司）
刘远上（河北中烟工业有限责任公司）
潘凡达（浙江中烟工业有限责任公司）
曹宇奇（上海烟草集团有限责任公司）
王昆淼（云南中烟工业有限责任公司）
欧阳世波（红云红河烟草集团有限责任公司）
徐淑浩（云南中烟工业有限责任公司）
王　璐（云南中烟工业有限责任公司）
魏玉玲（云南中烟工业有限责任公司）
李响丽（云南中烟工业有限责任公司）
宋建红（贵州中烟工业有限责任公司遵义卷烟厂）
杨志博（伯明翰大学 University of Birmingham）
张　静（云南中烟工业有限责任公司）
常　宇（云南中烟工业有限责任公司）
邓乐乐（云南中烟工业有限责任公司）
郭　磊（江西中烟工业有限责任公司）
徐　达（江西中烟工业有限责任公司）
田丽梅（云南中烟工业有限责任公司）
耿永勤（云南中烟工业有限责任公司）
缪恩铭（云南中烟工业有限责任公司）
郭丽娟（云南中烟工业有限责任公司）
刘　欣（云南中烟工业有限责任公司）
杨　洋（浙江中烟工业有限责任公司）
王明敬（云南中烟工业有限责任公司）
蔡昊城（云南中烟工业有限责任公司）
缪燕霞（云南中烟工业有限责任公司）
邹　楠（云南中烟工业有限责任公司）
饶　颖（云南中烟工业有限责任公司）
叶　茵（云南中烟工业有限责任公司）

前言
PREFACE

烟草及烟草制品的化学成分复杂,已经鉴定出来的化学成分就有数千种。烟草的物理性质和化学成分是评价烟草质量的重要指标,快速、准确地测定烟草及烟草制品的内、外在成分对提高卷烟品质有重要的意义。

随着科技的不断进步和消费者需求的不断提升,烟草的高质量发展面临更多挑战。在新质生产力的推动下,烟草行业需要快速、持续、健康、绿色发展。现代分析技术在烟草检验领域得到了广泛应用,其主要从物理角度和化学角度通过分析仪器对烟叶原料及卷烟产品进行深入分析,不仅为卷烟及其原料的质量提供了技术保障,还为卷烟及其原料的检测技术创新提供了技术支撑。

新型快速分析技术具有快速、高效、准确性高、操作简便、适用范围广和环保节能等优势特点,近年来发展迅速,从单一技术应用向两种或多种技术结合应用方向发展,已经成为现代分析技术领域创新发展的方向。

本书共分4章,围绕实时直接分析离子源-串联质谱(DART-MS/MS)技术、表面增强拉曼光谱(SERS)技术、高分辨质谱仪(Orbitrap-MS & TOF-MS)技术、低场核磁共振(NMR)技术共4项新型快速分析技术展开系统性论述,结合烟草及烟草制品质量监测分析人员丰富的实际工作经验,借助简明的图表和文字展示,介绍了各项技术的原理、结构、优缺点等,并着重说明了这些技术在卷烟工业中的应用,其中涉及卷烟生产过程中从原料、辅料与填充料及添加剂,到产品配方、半成品、成品等多方面、全过程的实际应用。本书编写过程中力求做到深入浅出、通俗易懂,增强书籍的科学性、知识性、实用性和参考性。

应用大量烟草检验领域的实例来详述新型快速分析技术在卷烟工业中的应用是本书编写的亮点,有助于读者正确理解和掌握新型快速分析技术在卷烟产品及其原料中的应用。本书是一本适合烟草行业从业人员使用的工具书。

本书由云南中烟工业有限责任公司李超、范多青、陈芳锐、吴亿勤,以及江西中烟工业有限责任公司苏加坤等编写。在本书编著过程中,红云红河烟草(集团)有限责任公司红河卷烟厂、上海烟草集团有限责任公司、浙江中烟工业有限责任公司、广西中烟工业有限责任公司、贵州中烟工业有限责任公司遵义卷烟厂等相关单位的技术人员为文献收集、整理与编辑做了大量的工作,在此表示真诚的感谢。

本书编写过程中参考了大量国内外相关领域的专著、论文、研究成果和标准,在此谨表谢意。

在编写本书的过程中，编者力求概念准确，坚持理论联系实际，但由于新型快速分析技术发展迅速，在卷烟领域应用不断拓展更新，加之时间仓促，本书难免有不当之处，恳切希望广大读者批评指正。

编 者
于二〇二四年六月十八日

目录
CONTENTS

第一章 实时直接分析离子源-串联质谱（DART-MS/MS）技术   1

    第一节 实时直接分析离子源-串联质谱的基本原理   1

    第二节 DART-MS/MS 的结构   4

    第三节 DART-MS/MS 的优点   6

    第四节 实时直接分析技术应用   7

    第五节 DART-MS/MS 在卷烟中的应用   9

    第六节 本章小结   72

第二章 基于表面增强拉曼光谱（SERS）技术的配制后香精品质检测技术应用   81

    第一节 表面增强拉曼光谱的概念及运用构想   81

    第二节 表面增强拉曼光谱对烟用香精香料研究的技术路线和方法   82

    第三节 表面增强拉曼光谱对烟用香精香料研究过程   84

    第四节 表面增强拉曼光谱对烟用香精香料的展望   225

第三章 高分辨质谱仪（Orbitrap-MS & TOF-MS）技术   227

    第一节 高分辨质谱仪的基本原理   227

    第二节 高分辨质谱仪的优点   231

    第三节 高分辨质谱仪在卷烟工业中的应用   232

第四章 基于低场核磁共振（NMR）技术的烟草水分检测方法   267

    第一节 低场核磁共振技术的基本原理   267

    第二节 低场核磁共振技术测试方法   268

后记   278

第一章

实时直接分析离子源-串联质谱（DART-MS/MS）技术

实时直接分析（direct analysis in real time，DART）是当今最具代表性、前沿性的新型原位电离（ambient ionization）技术之一，是继电喷雾离子化（electrospray ionization，ESI）及大气压化学电离（atmospheric pressure chemical ionization，APCI）成功解决了生物有机分子的分析之后，又一个具有开创性和划时代意义的质谱离子化技术。该技术由美国的 J. A. Laramee 和 R. B. Cody 于 2002 年发明，于 2005 年由 JEOL 和 IonSense 公司商品化生产、制造和销售，并获得当年匹兹堡分析化学和光谱应用会议暨展览会撰稿人金奖、美国 R&D 100 创新大奖和 Pittcon 大奖。

实时直接分析离子源-串联质谱（DART-MS/MS）是一种新型原位离子化结合质谱联用的新技术。该联用技术具有操作简单、不需要繁杂的样品制备和耗时的色谱分离、无须消耗化学溶剂、无须高温高压就能离子化、急剧缩短样品分析周期等特点，作为一种"绿色"分析检测技术，适用于分析液态、固态、气态等各类型样品，满足实验室对样品高通量分析的要求和对现场、直接、无损、快速、低碳、原位分析的需求。实时直接分析离子源-串联质谱已广泛应用于药物发现与开发、食品药品安全控制与检测、司法鉴定、临床检验、材料分析、天然产品品质鉴定、烟草及相关化学和生物化学等领域。本章将简要介绍实时直接分析离子源-串联质谱的基本原理、结构和优点，着重分享与探讨近年来实时直接分析质谱在烟草领域中的应用实例。

第一节 实时直接分析离子源-串联质谱的基本原理

实时直接分析离子源-串联质谱的基本原理是在实验室常温常压下，将氦气或氮气在 3～

5 kV 的放电针下产生的包括离子、电子和激发态亚稳定氦原子或激发态亚稳定氮分子在内的离子体,以及通过透镜将带电粒子转移出来的等离子体打在样品表面,与样品发生能量转移、质子转移、电子捕获等,从而使样品离子化后进入质谱,其分析过程类似 APCI 源。

常温常压质谱是指在实验室开放环境中以及维持被分析物本身性质的条件下,直接完成对样品的离子化以及进样的方法。常温常压离子化方法的典型特征是不需要或只需要简单的样品制备过程就可以完成对样品的分析,因此提供了更为简单的工作流程,大大提高了质谱仪器的易用性。真空是产生和维持离子传输的条件,然而它并不是使化合物离子化的必要条件。事实上,在大气压条件下同样可以产生离子,如常温常压直接离子化技术。

传统的常压离子化技术,如电喷雾离子化(ESI)是一种在常压下通过脱溶剂使被分析物带上电荷,然后在高真空条件下进入质量分析器进行分析的方法。与之相似的,常压基质辅助激光解吸电离(atmospheric pressure matrix-assisted laser desorption ionization,AP/MALDI)同样可以在常压下实现对被分析物的电离,进而完成其质谱检测。上述方法的发展简化了样品分析过程,提高了质谱的实用性,并拓宽了质谱分析样品的种类。然而 ESI 和 AP/MALDI 这两种经典的常压离子化方法或者需要样品的溶解和除盐,或者需要样品与基质的混合和共结晶,使得这两种方法不宜用于高通量和快速分析筛选,并且一些与真空不相容的被分析物也很难用该技术进行检测。

实时直接分析(DART)和电喷雾解吸附离子化(desorption electrospray ionization,DESI)这两种典型的常温常压质谱离子化技术的问世,第一次使无样品制备直接分析成为可能。将过去文献中出现的具有代表性的常温常压电离技术按照技术特点进行分类,可以分为以下三类:①喷雾型常温常压离子源,包括电喷雾解吸附离子化(DESI)、声波辅助解吸附喷雾离子化(desorption sonic spray ionization/easy ambient sonic-spray ionization,DeSSI/EASI)、常压解吸附光电离子化(desorption atmospheric pressure photoionization,DAPPI)和电喷雾萃取电离(extractive electrospray ionization,EESI);②放电型常温常压离子源,包括 DART、常压固体分析探针(atmospheric pressure solids analysis probe,ASAP)、常压解吸附化学离子化(desorption atmospheric pressure chemical ionization,DAPCI)、介质阻挡放电离子化(dielectric barrier discharge ionization,DBDI)和等离子体辅助解吸附离子化(plasma-assisted desorption ionization,PADI);③气体、热和激光辅助解吸附常温常压离子源,包括中性解吸附样品提取电喷雾离子化(neutral desorption sampling extractive electrospray,ND-EESI)、电喷雾辅助激光解吸附离子化(electrospray-assisted laser desorption ionization,ELDI)、激光刻蚀电喷雾离子化(laser ablation electrospray ionization,LAESI)、基质辅助激光解吸附电喷雾离子化(matrix-assisted laser desorption electrospray ionization,MALDESI)和红外激光辅助解吸附电喷雾离子化(infrared laser-assisted desorption electrospray ionization,IR-LADESI)。

2005 年初,美国 JEOL 公司实验室的 R. B. Cody 和 J. A. Laramée 开始讨论与能量可调电子单色仪(tunable energy electron monochromator,TEEM)具有相似功能的常压热电子源的可能应用。

常温常压质谱以某种能量,如电、热和光,产生初级离子,通过后续步骤实现复杂基体中能量与电荷的传递,并根据待测物分子物理化学性质的不同,有选择性地吸收能量和电荷,从而引发复杂基体样品中待测物分子的电离。电喷雾电离、电晕放电、辉光放电或等离子体等不同电场能是常温常压离子化技术中较常采用的能量形式。通过辉光放电而产生的电子激发态的 He 原子或振动激发态的 N_2 分子被用作 DART 离子化技术的离子化试剂,即"初级离子"。Cody 等认为,离子化过程发生在离子化试剂与气态、液态或固态样品的接触过程中。离子化的机理尚不完全清楚,多种因素的影响可能导致不同机理之间存在竞争,其中阳离子模式下被认为最有可能发生的反应包括质子转移、彭宁离子化(Penning ionization)碰撞电离、离子交换(见表1-1)。

表1-1 DART 阳离子模式离子化机理

离子化类型	离子化反应
彭宁离子化	$N^* + M \rightarrow M^+ + e^- + N$
质子转移	$N^* + nH_2O \rightarrow [(H_2O)_{n-1} + H]^+ + OH^- + N$ $[(H_2O)_{n-1} + H]^+ + M \rightarrow [M + H]^+ + (n-1)H_2O$
碰撞电离	$N^* + O_2 \rightarrow O_2^+ + e^- + N$
离子交换	$O_2^+ + M \rightarrow M^+ + O_2$

注:M 为分子;N 为 He 原子或 N_2 分子;* 为原子或分子的激发态。

Cody 等认为,彭宁离子化是 DART 离子化的重要步骤。此过程发生的前提是被分析物样品分子的离子化能低于激发态氦原子或氮气分子的能量。对于大多数有机物来说,离子化能大约为 10 eV,而 He 原子受到激发后产生的 23 S 电子激发态具有的内能为 19.8 eV,能够使有机物分子电离而又不产生过多的碎片离子。相比于电子轰击(electron impact,EI)技术所使用的 70 eV 能量,DART 离子化技术应属于软电离质谱范畴。由于 DART 离子化过程是在敞开体系下进行的,环境中存在的湿气辅助了离子化过程中的另外一个重要反应——质子转移(proton transfer)。水分子的离子化能约为 12.6 eV,激发态氦原子(23 S,19.8 eV)可以高效地将其电离,生成的水分子阳离子进一步与其他水分子作用,从而产生水分子簇阳离子(主要为 $H_5O_2^+$)。当被分析物样品分子的质子亲和能大于水分子的质子亲和能(691 kJ/mol)时,质子转移反应便会在样品分子和水分子簇阳离子之间发生。分子离子峰的另外一种可能的生成途径是电荷交换(charge exchange)。激发态的工作气体使空气中的氧气分子(离子化能约为 12.07 eV)电离,产生 O_2^+ 阳离子,被分析物样品分子中的电子再被 O_2^+ 阳离子夺取,进而产生样品分子离子(M^+)。

以上为 DART 正离子模式离子化过程中可能发生的三种反应。而 2009 年报道的一篇文献中认为 Cody 提出的离子化机理不能很好地解释该技术存在的基质效应(或称溶剂效应)。文献中提出瞬时微环境机理(transient micro-environment mechanism,TMEM),

该机理指出，DART 的离子源与被分析物样品分子接触之前，首先会形成一层溶剂薄膜，即瞬时微环境（TME）。Cooks 等认为瞬时微环境的产生可能源自样品溶液中易挥发基质的解吸附。DART 离子化试剂首先使易挥发的基质分子电离，电离出的基质离子再通过气相分子/离子反应将样品分子离子化。

对于 DART 的负离子模式，其离子化机理与常压光电离子化的电离机理有一定的相似性。大多数化合物主要获得去质子负离子$[M-H]^-$，推测其形成机理主要为被分析物分子与水分子簇阴离子或氧分子阴离子的质子转移或电荷交换反应。

DART 离子源的放电针电压一般设定为 6 kV，通过调节格栅电极的电压可以检测不同类型的离子：加正向偏转电压可以检测阳离子；反之，加负相偏转电压可以检测阴离子。工作气体流速一般为 2～6 L/min，温度可从室温升高到 500 ℃。DART 离子源出口与质谱进样接口的距离一般为 5～25 mm。载气类型和流速、加热温度、DART 与质谱进样口距离以及格栅电极电压等因素都会影响 DART 的离子化性能，其中载气流速和加热温度是影响最大的两个因素。氦气或氮气均可作为 DART 离子源的工作气体，但是由于氮气作为离子化试剂时会引发一些副反应，所以 DART 一般采用氦气作为离子化气体。低流速的情况下可用于离子化的激发态气体的数量少，样品离子化效率低；流速过高会造成样品的溅射损失，进入质谱的样品量减少，所以需要对载气流速进行优化。温度的改变会影响激发态氦原子的动能，从而影响 DART 的离子化效率。实验结果表明，提高 DART 加热室的温度，会增强激发态氦原子的离子化能力，使分子离子、碎片离子的比例提高。缩短 DART 与质谱进样口之间的距离，同时提高格栅电极电压，则在离子化的过程中更容易产生样品分子离子，反之则更倾向于产生质子化的样品准分子离子峰。在实际研究过程中，通常要先对影响 DART 离子化效率的参数进行优化，从而获得最优的质谱响应信号。

第二节　DART-MS/MS 的结构

DART 是一种热解析和离子化技术，现在已形成第二代产品——DART SVP。DART SVP-MS/MS 装置示意图见图 1-1。DART 离子化过程中对溶剂、基质（如蛋白质）、盐类不产生抑制效应，因此该技术无须对样品基质进行特殊的前处理及色谱分离，真正实现直接、快速或无损、无接触分析。

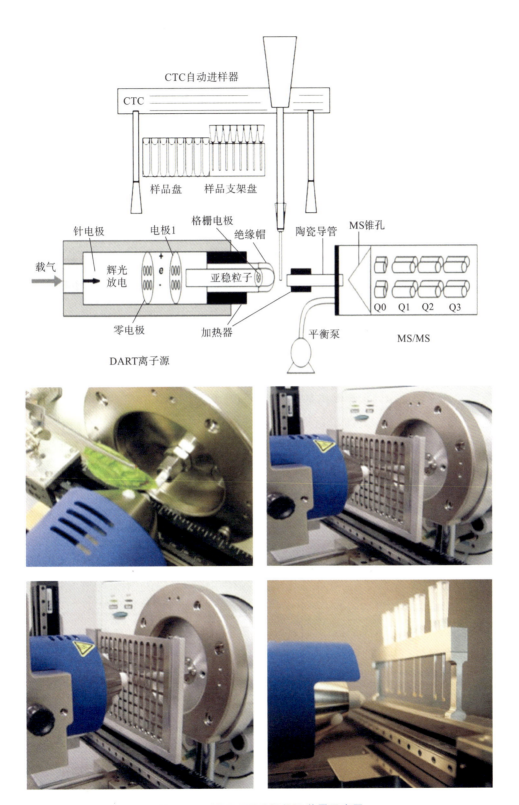

图 1-1 DART SVP-MS/MS 装置示意图

第三节　DART-MS/MS 的优点

近年来,利用 DART 离子化技术进行分析鉴定的工作被频频报道,展示了 DART 技术巨大的应用潜力。过去,样品的前处理一直是困扰分析化学工作者的难题。样品的前处理不仅耗时耗力,在一些活体生物的分析过程中,样品前处理还会导致无法对生物的某种生理特征进行实时监测。DART-MS/MS 在大气压下不需要复杂的样品前处理过程,具备实时监测的能力,又由于质谱本身准确定性的特点,DART-MS/MS 在生物分析方面具有独特的优势。此外,DART-MS/MS 独特的设计可实现高通量的分析检测。同时,由于 DART-MS/MS 离子化的试剂为氦气或氮气,其可以在相对较低的温度下实现样品的离子化,因此可对一些珍贵样品实现无痕分析。

DART 离子源使用的工作气体是氦气或氮气,避免了使用有机溶剂所造成的污染,符合绿色化学的理念。DART 离子化技术适用于各种形态样品的分析,并可进行多通道检测。而且,与 ESI 离子化技术相比,DART 离子化技术不会生成碱金属离子如钠离子、钾离子的加合物峰,因而简化了未知化合物的质谱谱图。

与基于 ESI/APCI 的传统技术相比,DART 具备以下优势:①可以在几秒钟内分析固、液、气相样品中的化合物,即使对大宗样品或形状怪异的样品也能进行有效分析;②能离子化极性及弱极性小分子有机物,对中性化合物如甘油三酯、蜡、聚合物,以及螯合盐等同样灵敏有效,且不需要像 ESI 或 MALDI 那样先溶解样品;③溶剂、基质、盐类对离子化过程不产生抑制,因而样品基质不需要特殊处理,无须使用化学溶剂;④不需要像 ESI 那样引入其他溶剂来影响离子的形成过程,真正实现无损、无接触分析,对负离子模式分析尤其有效;⑤不产生加合盐离子,离子信号仅包括所有能离子化的待测组分的单电荷离子,简化定量分析和谱图解析;⑥可与现有商品化液质联用兼容。

相比于现行通用的液质联用(LC-MS)技术,DART-MS/MS 可降低甚至避免基质的抑制效应,不需要繁杂的样品制备和耗时的色谱分离,直接分析液态、固态和气态样品。作为一种快速、绿色检测技术,DART-MS/MS 急剧缩短样品分析周期,极大地减少对化学溶剂的消耗和对固定资产及人员的投资。

DART SVP 新型离子源通过增加自动化样品扫描功能和基于网络的操作界面 iPod Touch,可实现几秒钟内快速、高通量的样品扫描分析,大大提高了大批量样品的瞬时定量和定性分析能力。DART SVP 对果蔬、水产品等生鲜产品中的农药、兽药残留,原料药及假药、包装材料和玩具中的毒性物质、现场化学品、爆炸物、毒物、体液及活体组织中的药物成像,以及文件、伪钞等表面的印章和定色等,均可进行实时的无接触、无损耗分析和检测。

第四节 实时直接分析技术应用

一、实时直接分析技术简介

实时直接分析(DART)技术是一种非接触型表面解吸附离子化技术,属于热解析和离子化技术,由美国 J. A. Laramee 和 R. B. Cody 发明,现由 IonSense 公司商品化生产、制造和销售,示意图见图1-2。其原理是在大气压条件下,中性或惰性气体(如氮气或氦气)经放电产生激发态原子,对该激发态原子进行快速加热和电场加速,使其解析并瞬间离子化待测样品表面的标志性化合物或待测化合物,进行质谱或串联质谱检测,从而实现样品的实时直接分析。DART 属于软电离质谱,能使有机物分子电离而又不产生过多的碎片离子。在正离子模式下主要检测 M^+ 和 $[M+H]^+$ 离子,在负离子模式下主要检测 $[M-H]^-$ 离子,并且只产生单电荷离子,简化了图谱,有利于复杂样品的分析。同时,DART 离子化技术适用于气体、固体、液体等各种形态样品的分析,具有简单的样品预处理过程、高通量以及不需要溶剂等优点。

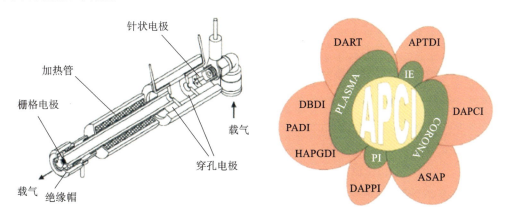

图1-2　DART 示意图

DART 与质谱进样口的对接通过一个带有陶瓷管的转接口来完成。这个转接口连接一个真空泵,可以抽去大量的中性粒子,以免过多中性物进入质谱,同时可以避免 DART 气流对质谱真空度的影响。

二、实时直接分析技术在不同领域的应用

以电喷雾解吸附离子化(DESI)和实时直接分析(DART)技术为典型代表的常温常压离子化技术近年来已逐渐成为质谱研究领域的热点。实时直接分析离子源-串联质谱(DART-MS/MS)技术自 2005 年出现在公众的视野以来,其作为一种新型的大气压电离质谱技术已被广泛地应用于各种领域,如医药领域、食品领域、烟草领域等。

实时直接分析离子源-串联质谱近年来广泛应用于医药领域。F. M. Fernández、R. B. Cody 等人在 2006 成功地利用 DART-MS/MS 技术对假药进行了检测;F. M. Fernández 等人在 2014 年不仅成功地利用 DART-MS/MS 技术对一种精神药用植物美丽帽柱木进行了检测、鉴别,以防止此类精神药物的滥用,而且有效地区分了与其较为相似的植物;A. F. M. M. Rahman、R. F. Angawi 等人利用 DART-MS/MS 技术成功检测出姜黄中的有效成分——姜黄素;2015 年,B. Xu、D. Y. Zhang 等人利用 DART-MS/MS 技术成功实现对桑树叶中的 1-deoxynojirimycin 的定性、定量分析,其检出限和定量限分别达到了 0.25 μg/mL 和 0.80 μg/mL,该方法回收率为 87.73%～95.61%;2007 年,C. Petucci、J. Diffendal 等人利用 DART-MS/MS 技术对几种商品化药物进行监测;早在 2006 年,Jones R. W.、Cody R. B. 等人更是直接将 DART-MS/MS 技术成功运用到司法鉴定中。

近年来,食品安全越发引起广大人民群众的关注,DART-MS/MS 在食品领域的应用便由此发展起来。2006 年,G. Morlock、W. Schwack 对牛奶、酸奶及脂肪中的异丙基硫杂蒽酮进行了定量分析;2013 年,T. Cajka、H. Danhelova 等人利用 DART-MS/MS 技术对鱼进行了检测;2015 年,M. Busman、J. R. Bobell 等人利用 DART-MS/MS 技术对牛奶中的黄曲霉毒素进行检测分析,该法的回收率达到 94.7%～109.2%,证明方法有效;2013 年,K. Fraser、G. A. Lane 等人利用 DART-MS/MS 技术检测茶叶发酵/制作过程;2011 年,J. Hajslova、T. Cajka、L. Vaclavik 利用 DART-MS/MS 技术开展了有关食品的质量、安全分析;2010 年,L. Vaclavik、M. Zachariasova、V. Hrbek 等人成功地对谷类食品中的霉菌毒素进行了检测分析。

张佳玲、张伟等人于 2011 年成功利用 DART-MS/MS 技术建立了对茶叶中主要成分如茶氨酸、咖啡因等的快速测定方法,该研究在一定程度上证明,此技术在不需要任何样品处理的条件下,可对茶叶的化学成分进行原位分析,可实现在短时间内对大量样品的分析和鉴别;K. Fraser、G. A. Lane 等人于 2013 年成功利用 DART-MS/MS 技术监测了茶叶的发酵/制作过程;吴亿勤、刘秀明等人在 2017 年利用 DART-MS/MS 技术对中国烟草及烟草制品中的烟碱进行快速、高通量分析;李超、李仙娥等建立了一种测定烟草及烟草制品中

的烟碱、降烟碱、麦思明、新烟碱、假木贼碱和二烯烟碱共 6 种生物碱的 DART-MS/MS 检测方法及应用;2015 年,N. Hayeck 等人利用 DART-MS/MS 技术对烟草中的烟碱进行检测分析。

2009 年,L. Vaclavik、T. Cajka 等人成功利用 DART-MS/MS 技术对橄榄油进行了等级划分;N. Hayeck、S. Ravier 等人利用 DART-MS/MS 技术对水表面的有机磷酸酯(一种肥料)实现了定性分析;2010 年,M. Curtis、M. A. Minier 等人利用 DART-MS/MS 检测核苷酸;程显隆、李文杰等人成功利用 DART-MS/MS 法直接检测了保健食品中非法添加的 6 种磷酸二酯酶-5 抑制剂(西地那非、他达拉非、红地那非、羟基豪莫西地那非、氨基他达拉非、伪伐地那非);2011 年,E. S. Chernetsova、G. E. Morlock 利用 DART-MS/MS 技术成功鉴别出精神类药物(毒品);2012 年,孙磊、胡晓茹等人发表了一篇题目为《实时直接分析-串联质谱法快速分析乳香中多种乳香酸》的文章;祁婉舒、张立等人在 2012 年实现了对天然驱蚊产品中人工添加剂的鉴别;T. Chasset、T. T. Häbe 在 2016 年利用 DART-MS/MS 技术对法国的蜂胶进行了检测。

第五节　DART-MS/MS 在卷烟中的应用

一、DART-MS/MS 测定卷烟中烟碱的应用

烟碱又名尼古丁,广泛存在于茄科植物中,是烟草中含氮生物碱的主要成分,在烟叶中的含量为 1%～3%,易溶于水、乙醇、乙醚、氯仿和石油醚。烟碱主要作用于烟碱乙酰胆碱接受体,对中枢神经系统、周边神经系统都有刺激作用,具有成瘾性,因此对烟碱的检测十分重要。

目前,测定烟碱的方法主要有气相色谱(GC)、液相色谱(HPLC)、毛细管电泳(CE)、连续流动仪(CFA)等方法。这些方法均需要对样品进行复杂的前处理,耗时较长且对样品有一定程度的损耗。A. Kuki 等利用 DART-MS/MS 技术分析了空气中的二手烟碱。S. A. Torres 利用 DART-MS/MS 技术分析历史烟草管道中的烟碱残留。

本书基于 DART-MS/MS 技术开发了一种测定烟草及烟草制品中烟碱含量的新方法。该方法将烟叶或烟丝粉末加入超纯水萃取后,采用实时直接分析这种新型原位电离技术对萃取液滴中的烟碱进行热解析和离子化后导入三重四极杆质谱进行分析,为烟草及烟草制品中烟碱的分析提供了一种操作简单、对环境友好、高通量的分析新方法。

(一)实验部分

1. 仪器与试剂

仪器:DART SVP(美国 IonSense 公司)、API 4000(美国应用生物系统公司)、高速旋风磨(美国 UDY 公司)、HY-8 型振荡仪(常州国华电器有限公司)、ME414S 电子天平(感量:0.0001g,德国 Sartorius 公司)、烘箱(德国 BINDER 公司)、TYMl2-30L 型微粉机、40 目筛网。

试剂:超纯水(应符合《分析实验室用水规格和试验方法》(GB/T 6682—2008)中一级水的要求)、烟碱标准品(纯度>98.0%)。

2. 实验方法

(1)标准溶液配制。

称取 0.5 g 的烟碱溶于 100 mL 的棕色容量瓶中,以超纯水定容作为储备液,分别取 0.02 mL、0.1 mL、0.5 mL、1.0 mL、2.0 mL、4.0 mL 的储备液于 10 mL 棕色容量瓶中,加超纯水定容至刻度,制备 6 个系列标准溶液,分别为 0.01 mg/mL、0.05 mg/mL、0.25 mg/mL、0.50 mg/mL、1.00 mg/mL、2.00 mg/mL。

(2)卷烟样品处理及分析。

将烟叶(或烟丝)放入烘箱中,在烘箱中采用 40 ℃烘干,直至可用手捻碎,用高速旋风磨对烟草及烟草制品进行初级破壁后,再由 TYMl2-30L 型微粉机进行烟丝超微粉细胞破壁,然后过 40 目筛网,密封保存为备样。称取 1.0 g 备样置于 100 mL 的三角烧瓶中,加 30 mL 超纯水在振荡器上振荡(转速为 150 r/min)萃取 30 min;静止 3 min 后取上层澄清液于样品瓶中,然后进行 DART SVP-MS/MS 分析(见图 1-3)。

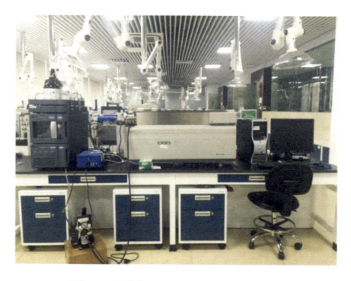

图 1-3 实验室 DART SVP-MS/MS 仪器

DART SVP-MS/MS 分析条件:DART 电离为正离子模式,离子源温度为 350 ℃,采用液体进样模式,进样速率为 0.6 mm/s,定量离子对为 163.1/129.8,定性离子对为 163.1/84.1。载气为氦气(纯度为 99.999%)。

计算样品中烟碱含量,按《烟草及烟草制品试样的制备和水分测定烘箱法》(YC/T 31-1996)标准测定样品含水率。

烟草中烟碱的含量由式(1-1)计算得出:

$$X = \frac{(C_i - C_0) \times V}{m \times (1 - \omega)} \tag{1-1}$$

式中:

X——样品中烟碱的含量,单位为毫克每克(mg/g);

C_i——从标准工作曲线上得到的烟碱浓度,单位为毫克每毫升(mg/mL);

C_0——空白实验中烟碱浓度,单位为毫克每毫升(mg/mL);

V——萃取剂的体积,单位为毫升(mL);

m——称样量,单位为克(g);

ω——样品的含水率。

(二)结果与讨论

1. 工作曲线、检出限和定量限

配制不同浓度的系列标准工作液按实验室 DART SVP-MS/MS 条件进样,以标准溶液浓度对峰面积绘制工作曲线(见图 1-4～图 1-6),回归方程 $y = 3 \times 10^6 x + 2 \times 10^6$,相关系数为 0.9957,线性范围为 0.01～2.00 mg/mL。对最低浓度的烟碱标准溶液进行 10 次测定,计算其标准偏差,以 3 倍标准偏差作为检出限为 6.05 ng/mL,以 10 倍标准偏差作为定量限为 20.17 ng/mL。

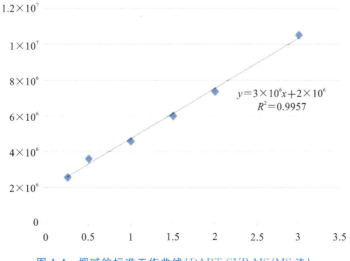

图 1-4 烟碱的标准工作曲线(DART SVP-MS/MS 法)

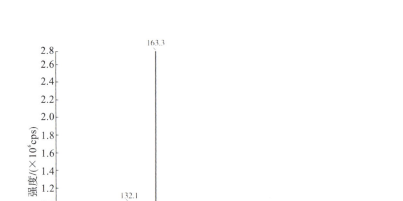

图 1-5 母离子扫描

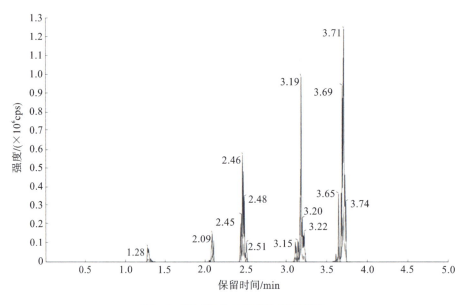

图 1-6 烟碱标准工作液的 MRM 图

2. 回收率和重复性

选择一种卷烟样品 4 份，其中 1 份为参比，另外 3 份分别加入高、中、低不同浓度水平的烟碱，样品按选定的前处理条件处理，选定仪器条件进样分析，得到烟碱的回收率为 99.0%～102.0%（见表 1-2），说明该方法的回收率较好。图 1-7 为样品质谱图，图 1-8 为添加 0.5 mg/g 标准品后的质谱图。将该卷烟样品重复分析 6 次（见图 1-9），测得烟碱的相对标准偏差(relative standard deviation,RSD)为4.5%,表明方法的重复性良好,满足烟丝样品的分析要求,结果见表1-3。

表1-2 烟丝样品中烟碱的回收率

含量/(mg/g)	加标量/(mg/g)	测定值/(mg/g)	回收率/(%)
20.1	10	30.2	101.0
20.1	20	40.5	102.0
20.1	30	49.8	99.0

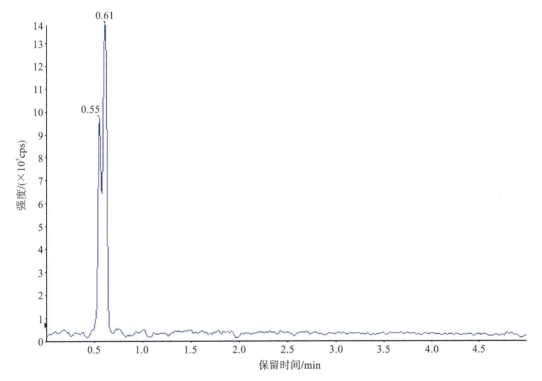

图1-7 样品质谱图

表1-3 烟丝样品中烟碱的重复性实验结果

样品	1	2	3	4	5	6
含量/(mg/mL)	0.0589	0.0583	0.0560	0.0612	0.0576	0.0629
RSD/(%)			4.5			

注:C_0为0.0080 mg/mL;含水率为5.89%,称样量为1.0672 g。

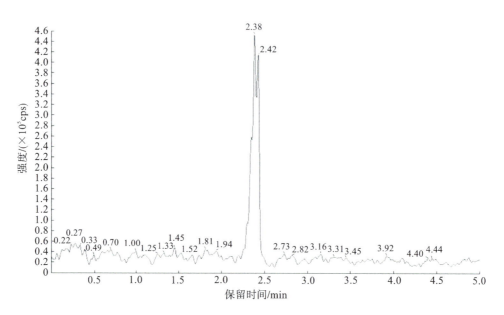

图 1-8 添加标准品后的质谱图

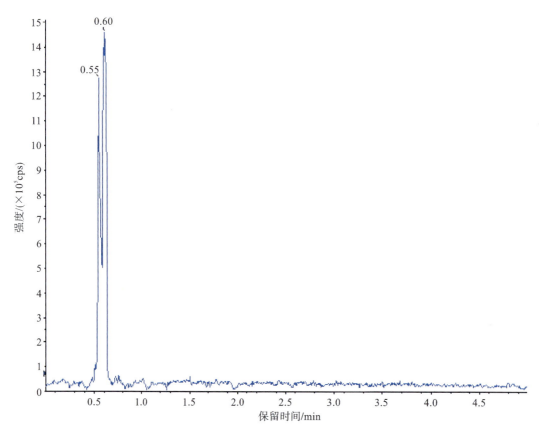

图 1-9 样品重复性实验的质谱图

3. 空白实验

采用蘸取超纯水的进样棒和没有蘸取超纯水的进样棒对烟碱离子对进行空白实验,两组空白实验结果基本一致(见图1-10)。通过标准工作曲线计算可得空白实验的烟碱浓度为0.008 mg/mL,可能是因为实验室中吸烟机房排风口离中央空调进风口位置不远,中央空调循环风吸入部分烟气,导致实验室环境中含有一定烟碱。

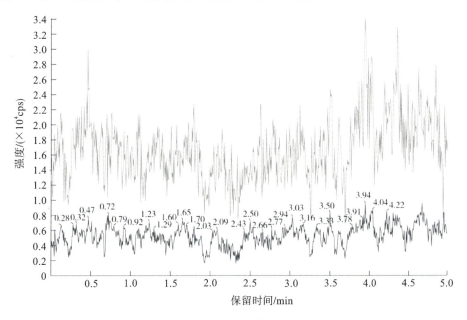

图1-10 空白实验质谱图

4. 萃取溶剂优化

为考察采用不同溶剂对烟碱萃取剂离子化结果的影响,按现行行业标准《烟草及烟草制品 总植物碱的测定 连续流动(硫氰酸钾)法》(YC/T 468—2021)分别采用5%的乙酸溶液和超纯水对样品中的烟碱进行萃取。称取0.50 g的样品共6份作为平行样,分别加入50 mL 5%的乙酸溶液(标记为1#～3#)和超纯水(标记为4#～6#)后在振荡器上振荡(转速为150 r/min)萃取30 min,静置3 min,取上层清液过滤后,对6份萃取样品进行DART SVP-MS/MS分析,其中3份样品按YC/T 468—2021进行分析,结果见表1-4。结果表明,采用超纯水进行萃取的效果与采用5%的乙酸溶液进行萃取的效果基本一致。

表1-4 烟碱样品在不同溶剂萃取结果比较表

样品编号	称样量/g	测量值/(mg/mL)	C_0/(mg/mL)	DART SVP-MS/MS 测定值/(mg/g)	YC/T 468—2013 测定值/(mg/g)	相对偏差/(%)
1#	0.5344	0.2089	0.0080	20.17	20.11	0.5
2#	0.5437	0.2132		20.25	20.34	1.3

续表

样品编号	称样量/g	测量值/(mg/mL)	C_0/(mg/mL)	DART SVP-MS/MS 测定值/(mg/g)	YC/T 468—2013 测定值/(mg/g)	相对偏差/(%)
3#	0.5283	0.2058		20.09	20.18	0.7
4#	0.5451	0.2131	0.0080	20.19	—	—
5#	0.5358	0.2084		20.07	—	—
6#	0.5454	0.2142		20.29	—	—

注：C_0 为 0.0080 mg/mL；含水率为 6.81%。

5. 萃取溶剂量优化

采用不同体积超纯水（分别为 20 mL、30 mL、40 mL、50 mL 和 60 mL），将 1 g 样品按现行行业标准 YC/T 468—2021 规定的萃取方式进行萃取。称取 1 g 样品，加入上述不同体积超纯水后在振荡器上振荡（转速为 150 r/min）萃取 30 min，静置 3 min，取上层清液过滤后进行分析，结果见表 1-5 和图 1-11。结果表明，采用 30 mL 超纯水萃取更合适。

表 1-5 样品在不同体积超纯水中萃取烟碱的结果

超纯水/mL	烟碱浓度/(mg/mL)
20	1.0486
30	1.0701
40	1.0698
50	1.0703
60	1.0709

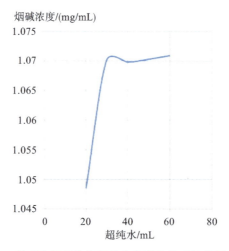

图 1-11 样品在不同体积超纯水中萃取烟碱的结果比较图

6. 进样速率对离子化效率影响

采用 1.5 mm/s、1.0 mm/s、0.8 mm/s、0.6 mm/s、0.4 mm/s 的进样速率对标准溶液进行优化,结果见表 1-6 和图 1-12。由表 1-6 和图 1-12 可知,在进样速率为 0.6 mm/s 时烟碱离子化效率最高。

表 1-6　进样速率对离子色谱峰面积的影响

进样速率/(mm/s)	相对时间	峰面积
1.5	0.91	2.62×10^4
1.0	1.29	2.58×10^4
0.8	1.67	3.60×10^4
0.6	2.59	5.60×10^4
0.4	2.81	1.62×10^4

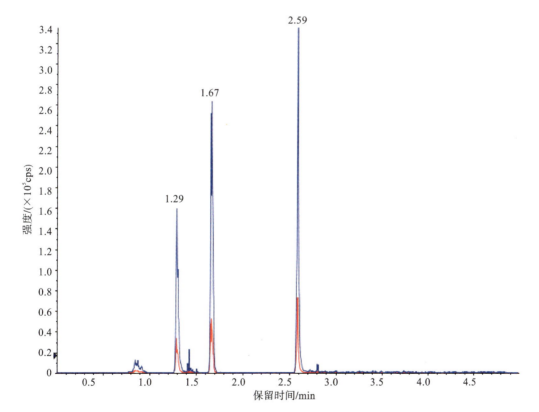

图 1-12　进样速率对离子化效率影响

7. 样品分析比对

分别选择 5 种成品卷烟(编号为 1♯～5♯)和 5 种原料烟叶(编号为 6♯～10♯)采用 DART SVP-MS/MS 分析,样品色谱图见图 1-13,20 s 即可完成一份样品的分析,测得烟碱的含量见表1-7。与按现行行业标准 YC/T 468—2021 测定的结果比较,从表1-7中可以看出两种检测方法结果基本一致,相对偏差为 0.24%～2.74%,说明该方法是一种行之有效的分析方法。

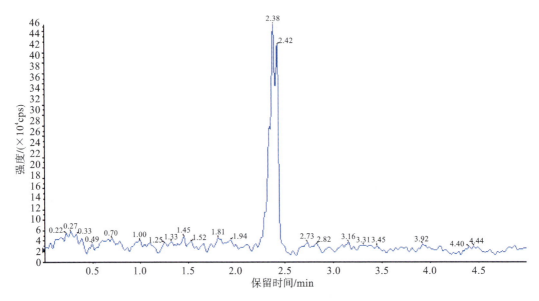

图1-13 样品中 MRM 离子色谱图(m/z=163.1/129.8)

表1-7 样品中烟碱分析结果对比

样品编号	含水率/(%)	称样量/g	测量值/(mg/mL)	C_0/(mg/mL)	DART SVP-MS/MS 测定值/(mg/g)	YC/T 468—2021 测定值/(mg/g)	相对偏差/(%)
1#	5.87	1.0644	0.6794		20.18	20.25	0.24
2#	5.87	1.0688	0.4106		12.15	12.10	0.29
3#	5.88	1.0692	0.9888		29.61	29.51	0.24
4#	5.89	1.0672	0.5128		15.21	15.81	2.74
5#	5.90	1.0679	0.8442	0.0080	25.21	25.51	0.84
6#	8.69	1.0358	1.5274		43.11	43.60	0.80
7#	7.69	1.0854	0.6784		20.15	19.97	0.63
8#	8.66	1.0623	1.0578		30.56	30.85	0.67
9#	8.51	1.0561	0.5089		14.52	14.43	0.44
10#	10.82	1.0683	1.4478		41.15	40.81	0.59

(三)方法小结

本节建立了一种采用DART-MS/MS技术测定烟草及烟草制品中烟碱含量的方法,样品直接经过超纯水萃取即可分析,单份样品只需20 s即可完成分析。通过对方法的重现性、回收率进行考察,并将分析结果与现行标准方法分析结果进行对比,可知该方法的测定结果可靠。该方法前处理简单,不需要净化富集,是一种快速、无溶剂污染环境、高通量的分析方法。

二、DART-MS/MS测定卷烟中烟碱、降烟碱、麦斯明、假木贼碱、新烟碱和烟碱烯的应用

烟草生物碱(tobacoo alkaloid)属于含氮杂环化合物,是一个类群,包含近50种物质。大多数烟草生物碱是3-吡啶衍生物。在烟草属植物中的生物碱中,最重要的有4种,即烟碱(nicotine,又称尼古丁)、降烟碱(nornicotine,又称去甲基烟碱或正烟碱)、新烟草碱(anatabine,又称新烟碱)和假木贼碱(anabasine,又称毒藜碱或去氢新烟草碱)。烟碱作为烟草植物区别于其他植物所特有的生物碱,在这些已鉴定出的烟草生物碱中的含量是远远大于其他生物碱含量的,占烟草总生物碱含量的90%以上;而在除烟碱以外的其他烟草生物碱中,降烟碱的含量往往是最高的。吡啶环是以上4种烟草生物碱化学结构的共同部分,并且在第三碳位与另外一个含氮的杂环相连。烟草主要生物碱的化学结构如图1-14所示。

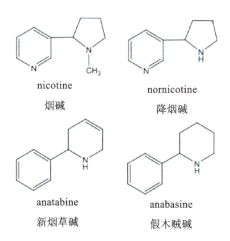

图1-14 烟草主要生物碱的化学结构

在衡量烟叶工业可用性的诸项指标中,烟草生物碱的含量是重中之重,其对烟叶感官品质的影响在烟叶众多内在化学成分中是最大的。烟碱对人体的刺激作用是吸烟的主要目的,所以其含量在诸项烟叶感官品质要素中起决定性作用。烟叶中烟碱含量太低时,会出现劲头小、刺激性不强、不能满足吸食者的需求的问题;烟碱含量过高时,会导致卷烟的

刺激性增强,吃味出现发苦、发涩且辛辣的现象,让吸食者产生呛咳等不快的感觉。研究表明,烟碱含量为 1.5%～3.5% 的烤烟和烟碱含量为 2.0%～4.5% 的白肋烟由于烟碱含量适宜,故刺激性较小且吃味醇和,从而符合优质烟叶生产的要求。烟草中的微量生物碱,诸如新烟草碱、降烟碱以及假木贼碱,尽管含量远远低于烟碱,但其含量的微小提高就会大幅度提高烟叶的刺激性,直接影响烟叶的香气、味道和食用性,对烟叶的可用性影响极大,甚至可能损害烟草工农业双方的利益。研究还表明,烟草特有亚硝胺是一类对人和动物具有强致癌性的化学物质,而烟草生物碱中的降烟碱作为它的一个有效的前体化学物质,非常容易与亚硝酸盐在烟叶醇化阶段时期形成 N-亚硝基降烟碱。此外,用降烟碱含量偏高的烟叶制成的卷烟烟丝,其燃烧的气体会含有鼠臭味和碱味等难闻、刺鼻的特殊气味,因而降烟碱也会间接地影响烟叶的香气物质成分的作用。研究证实烟叶的品质还与烟草烟碱含量以及微量生物碱含量占总生物碱含量的比例密切相关,一般有如下规律,即烟碱所占比例高而微量生物碱所占比例低会显著提高烟叶的内在品质;反之,则不利于烟叶品质的提高,影响其可用性。

在 60 多个野生的烟草种属中,50%～60% 的种属以烟碱为主,30%～40% 的种属以降烟碱为主,仅 4 个种属以假木贼碱为主,新烟草碱在任何种属中都不是最主要的生物碱,但在某些种属中含量较高。在常见的商用烟叶中,烟碱占总生物碱的 95% 以上,降烟碱和新烟草碱占总生物碱的 2%～3%,烤烟中降烟碱略少于新烟草碱,但在晾晒烟中降烟碱的含量相对较高一些。假木贼碱是上述 4 种生物碱中含量最低的,约占总生物碱的 0.3%。烟草中微量生物碱的组成复杂,已鉴定出的成分达几十种,例如麦斯明(myosmine)、尼可他因(nicotyrine)、2,3′-联吡啶(2,3′-bipyridine)和甲酰基降烟碱、乙酰基降烟碱等降烟碱的酰基衍生物(acyl nomicotine)等。烟叶中各种微量生物碱含量一般不超过 0.05 mg/L,有些是主要生物碱异常代谢的产物,个别甚至是分离过程中的人为副产物。上述生物碱的分类方法多为烟草农业专家所采用。另外,在烟草分析文献中,也有不少人把烟碱之外的其他生物碱统称为微量生物碱。

气相色谱法(gas chromatography,GC)是测定烟草生物碱的常用手段。烟草基质复杂,生物碱种类较多,结构接近,所以一般采用高分辨毛细管气相色谱法进行分离。但是,烟草烟碱含量和微量生物碱含量差距很大,烟碱含量为 0.5%～10%,而微量生物碱含量低于 0.05 mg/L,如果要同时检测多种生物碱,必须增大样品量,而大量烟碱将导致毛细管色谱柱过载。烟草生物碱都是碱性半挥发物,很难采用萃取或蒸馏方法有选择性地去除烟碱。中心切割式多维气相色谱法是解决这一难题的良策。采用中心切割式多维气相色谱,可以有选择性地将目标化合物从一维柱切割到二维柱,然后利用一维柱和二维柱固定相选择性的差异,大大提高其分离能力,降低本底干扰,提高目标物的检测灵敏度和准确度,同时简化样品预处理,加快分析速度。刘百战利用手性多维气相色谱/质谱分析烟草中 14 种生物碱,建立了烟草中降烟碱、假木贼碱和新烟草碱手性分析方法,对不同类型的烟草样品进行了测定。

(一)实验部分

1. 仪器与试剂

仪器条件与上节条件一致。试剂:烟碱标准品(纯度>98.0%)、降烟碱标准品(纯度>98.0%)、麦斯明标准品(纯度>98.0%)、假木贼碱标准品(纯度>98.0%)、新烟碱标准品(纯度>98.0%)、烟碱烯标准品(纯度>98.0%)。

2. 实验方法

(1)标准溶液配制。

①标准储备液。

分别称取 500 mg 烟碱、150 mg 降烟碱、20 mg 麦斯明、200 mg 新烟碱、10 mg 假木贼碱和 10 mg 烟碱烯溶于 100 mL 的棕色容量瓶中,以超纯水定容至刻度,配制成浓度分别为 5.0 mg/mL、1.5 mg/mL、0.2 mg/mL、2.0 mg/mL、0.1 mg/mL、0.1 mg/mL 的标准储备液。将储备液于 4 ℃ 条件下避光保存,有效期为 6 个月。

②一级混合标准溶液。

分别移取标准储备液(烟碱除外)10 mL 至 100 mL 容量瓶中,用超纯水稀释至刻度,配制成降烟碱、麦斯明、新烟碱、假木贼碱和烟碱烯的浓度分别为 150 μg/mL、20 μg/mL、200 μg/mL、10 μg/mL 和 10 μg/mL 的一级混合标准溶液。将溶液置于 4 ℃ 冰箱内避光保存,有效期为 3 个月。

③系列标准工作溶液。

分别取 0.02 mL、0.1 mL、0.5 mL、1.0 mL、2.0 mL、4.0 mL 的一级混合标准溶液和标准储备液烟碱溶于 100 mL 棕色容量瓶中,加超纯水定容至刻度,制备 6 个系列标准溶液。混合工作液浓度见表 1-8。

表1-8 混合工作液浓度(单位:ng/mL)

级别	烟碱	降烟碱	麦斯明	新烟碱	假木贼碱	烟碱烯
1	10000	30	4	40	2	2
2	50000	150	20	200	10	10
3	250000	750	100	1000	50	50
4	500000	1500	200	2000	100	100
5	1000000	3000	400	4000	200	200
6	2000000	6000	800	8000	400	400

(2)样品处理及分析。

样品按上节条件一样处理。

（二）结果与讨论

1. 母离子扫描质谱图

图 1-15 为标准工作溶液 DART SVP-MS/MS 的母离子扫描质谱图。

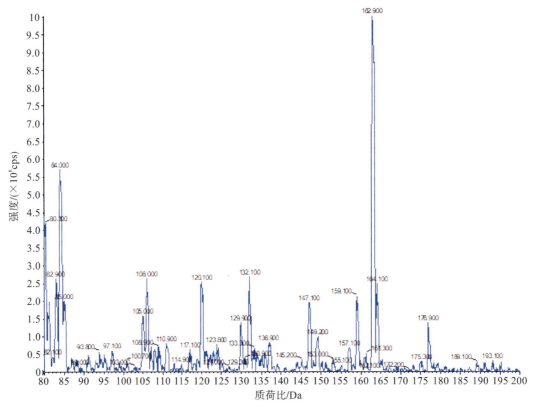

图 1-15　母离子扫描质谱图

2. 6 种生物碱的碎片离子图

(1)烟碱的碎片离子图。

烟碱的碎片离子图见图 1-16。

(2)降烟碱的碎片离子图。

降烟碱的碎片离子图见图 1-17。

(3)麦斯明的碎片离子图。

麦斯明的碎片离子图见图 1-18。

(4)假木贼碱的碎片离子图。

假木贼碱的碎片离子图见图 1-19。

(5)新烟碱的碎片离子图。

新烟碱的碎片离子图见图 1-20。

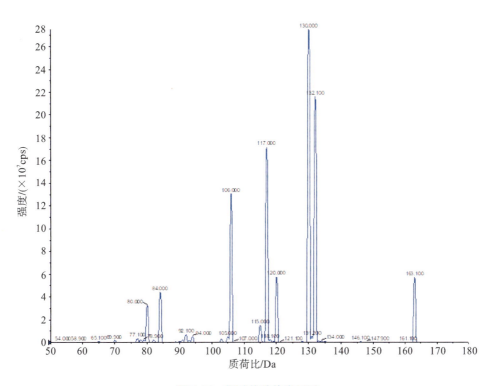

图 1-16　烟碱的碎片离子图

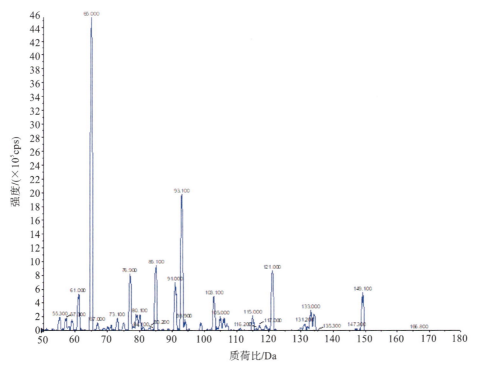

图 1-17　降烟碱的碎片离子图

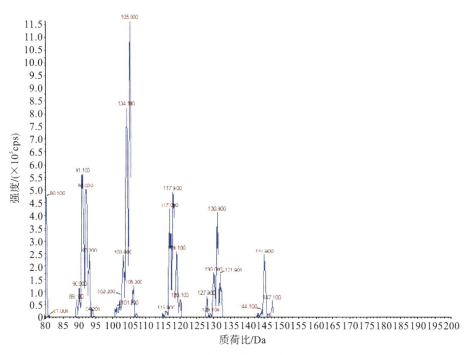

图 1-18 麦斯明的碎片离子图

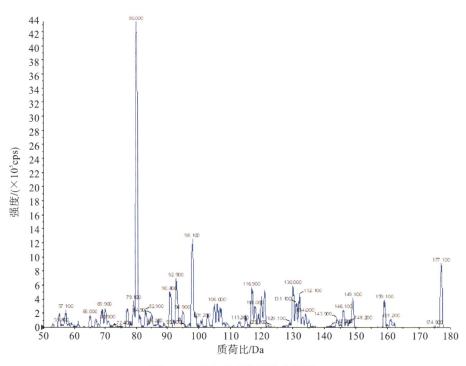

图 1-19 假木贼碱的碎片离子图

(6)烟碱烯的碎片离子图。

烟碱烯的碎片离子图见图 1-21。

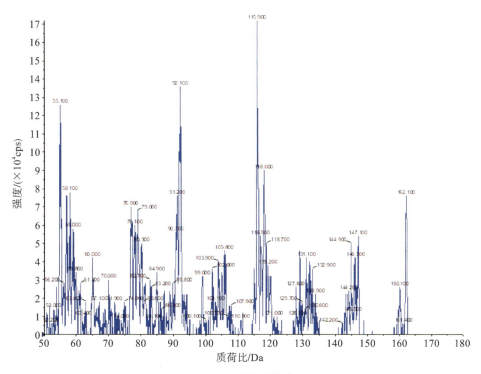

图 1-20 新烟碱的碎片离子图

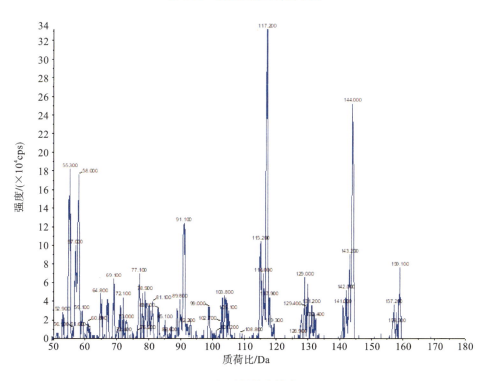

图 1-21 烟碱烯的碎片离子图

3. 检出限和定量限

配制不同浓度的系列标准工作液按实验室 DART SVP-MS/MS 条件进样,以标准溶液浓度对峰面积绘制工作曲线,对最低浓度的标准溶液进行 10 次测定,计算其标准偏差,以 3 倍标准偏差作为检出限,以 10 倍标准偏差作为定量限,见表1-9。

表 1-9 检出限和定量限(单位:ng/mL)

	1	2	3	4	5	6	7	8	9	10	σ	3σ	10σ
烟碱	10.2	9.9	9.9	10.0	9.9	10.1	10.5	9.9	10.1	10.0	0.19	0.57	1.90
降烟碱	30.2	30.1	30.8	30.7	30.1	30.1	29.9	30.0	30.4	29.8	0.33	0.98	3.28
麦斯明	3.9	3.8	4.0	3.7	3.8	3.9	3.7	3.8	4.0	4.1	0.13	0.40	1.34
新烟碱	40.1	39.9	40.0	39.8	38.5	39.8	38.9	41.1	40.0	40.1	0.70	2.11	7.04
假木贼碱	1.9	1.9	2.0	1.8	2.1	2.0	2.0	1.9	2.1	2.2	0.12	0.36	1.20
烟碱烯	2.0	2.0	2.0	1.9	2.1	2.0	1.9	2.1	2.0	1.8	0.09	0.28	0.92

由表 1-9 可以看出,烟碱的检出限为 0.57 ng/mL,定量限为 1.90 ng/mL;降烟碱的检出限为 0.98 ng/mL,定量限为 3.28 ng/mL;麦斯明的检出限为 0.40 ng/mL,定量限为 1.34 ng/mL;新烟碱的检出限为 2.11 ng/mL,定量限为 7.04 ng/mL;假木贼碱的检出限为 0.36 ng/mL,定量限为 1.20 ng/mL;烟碱烯的检出限为 0.28 ng/mL,定量限为 0.92 ng/mL。

4. 回收率和重复性

选择一种卷烟样品分为 4 份,其中 1 份为参比,另外 3 份分别加入高、中、低不同浓度水平的烟碱、降烟碱、麦斯明、新烟碱、假木贼碱和烟碱烯,样品按选定的前处理条件处理,选定仪器条件进样分析:烟碱的回收率为 97.0%~103.5%(见表 1-10);降烟碱的回收率在 96.3%~100.5%(见表 1-11);麦斯明的回收率为 95.5%~100.8%(见表 1-12);新烟碱的回收率为 101.0%~108.0%(见表 1-13);假木贼碱的回收率为 98.8%~107.5%(见表 1-14);烟碱烯的回收率为 80.0%~122.5%(见表 1-15)。说明该方法回收率较好。将该卷烟样品重复分析 6 次,测得烟碱的相对标准偏差(RSD)为 2.5%;降烟碱的相对标准偏差(RSD)为 4.3%;麦斯明的相对标准偏差(RSD)为 3.5%;新烟碱的相对标准偏差(RSD)为 1.9%;假木贼碱的相对标准偏差(RSD)为 3.1%;烟碱烯的相对标准偏差(RSD)为 8.0%(见表 1-16~表 1-21)。表明方法的重复性良好(烟碱烯除外),RSD 均低于 5.0%,满足烟丝样品的分析要求。

表 1-10 烟丝样品中烟碱的回收率

干物质含量	加标量/(mg/g)	测定值/(mg/g)	回收率/(%)
21.2	10	30.9	97.0
21.2	20	41.9	103.5
21.2	30	50.5	97.7

表 1-11 烟丝样品中降烟碱的回收率

干物质含量	加标量/(mg/g)	测定值/(mg/g)	回收率/(%)
0.04	0.02	0.060	99.0
0.04	0.04	0.080	100.5
0.04	0.08	0.117	96.3

表 1-12 烟丝样品中麦斯明的回收率

干物质含量	加标量/(mg/g)	测定值/(mg/g)	回收率/(%)
0.004	0.002	0.006	95.5
0.004	0.004	0.008	100.8
0.004	0.008	0.012	98.8

表 1-13 烟丝样品中新烟碱的回收率

干物质含量	加标量/(mg/g)	测定值/(mg/g)	回收率/(%)
0.101	0.05	0.155	108.0
0.101	0.1	0.204	103.0
0.101	0.2	0.303	101.0

表 1-14 烟丝样品中假木贼碱的回收率

干物质含量	加标量/(mg/g)	测定值/(mg/g)	回收率/(%)
0.008	0.004	0.012	107.5

续表

干物质含量	加标量/(mg/g)	测定值/(mg/g)	回收率/(%)
0.008	0.008	0.016	98.8
0.008	0.016	0.024	100.6

表 1-15　烟丝样品中烟碱烯的回收率

干物质含量	加标量/(mg/g)	测定值/(mg/g)	回收率/(%)
0.002	0.001	0.003	80.0
0.002	0.002	0.004	95.0
0.002	0.004	0.007	122.5

表 1-16　烟丝样品中烟碱的重复性实验结果

样品	1	2	3	4	5	6
含量/(μg/mL)	60.1	58.9	61.1	61.2	59.6	62.9
RSD/(%)			2.5			

注：$C_{0烟碱}$为 4.2 μg/mL；含水率为 5.89%，称样量为 1.0622 g。

表 1-17　烟丝样品中降烟碱的重复性实验结果

样品	1	2	3	4	5	6
含量/(ng/mL)	1124.1	1102.2	1211	1207.2	1124.4	1111.2
RSD/(%)			4.3			

注：$C_{0降烟碱}$为 0 ng/mL；含水率为 5.89%，称样量为 1.0622 g。

表 1-18　烟丝样品中麦斯明的重复性实验结果

样品	1	2	3	4	5	6
含量/(ng/mL)	89.1	90.5	89.5	95.2	94.8	96.4
RSD/(%)			3.5			

注：$C_{0麦斯明}$为 0 ng/mL；含水率为 5.89%，称样量为 1.0622 g。

表1-19 烟丝样品中新烟碱的重复性实验结果

样品	1	2	3	4	5	6
含量/(ng/mL)	411.8	421.4	422.3	435.1	425.8	428.9
RSD/(%)			1.9			

注:$C_{0新烟碱}$为0 ng/mL;含水率为5.89%,称样量为1.0622 g。

表1-20 烟丝样品中假木贼碱的重复性实验结果

样品	1	2	3	4	5	6
含量/(ng/mL)	152.5	157.4	156.1	151.5	162.8	149.8
RSD/(%)			3.1			

注:$C_{0假木贼碱}$为0 ng/mL;含水率为5.89%,称样量为1.0622 g。

表1-21 烟丝样品中烟碱烯的重复性实验结果

样品	1	2	3	4	5	6
含量/(ng/mL)	50.4	49.5	52.4	58.1	55.5	60.4
RSD/(%)			8.0			

注:$C_{0烟碱烯}$为0 ng/mL;含水率为5.89%,称样量为1.0622 g。

5. 空白实验

采用蘸取超纯水的进样棒和没有蘸取超纯水的进样棒对烟碱、降烟碱、麦斯明、新烟碱、假木贼碱和烟碱烯离子对进行空白实验,两组空白实验结果基本一致(见图1-22、图1-23),通过标准工作曲线计算可得空白实验的烟碱浓度为4.2 μg/mL,其他5种类似物浓度为0 ng/mL。

6. 萃取溶剂量优化

采用不同体积超纯水(分别为20 mL、30 mL、40 mL、50 mL和60 mL),称取0.3 g样品,加入上述不同体积超纯水后在振荡器上振荡(转速为150 r/min)萃取30 min,静置3 min,取上层清液过滤后进行分析,结果见表1-22。结果表明,采用30 mL超纯水萃取的效果最好。

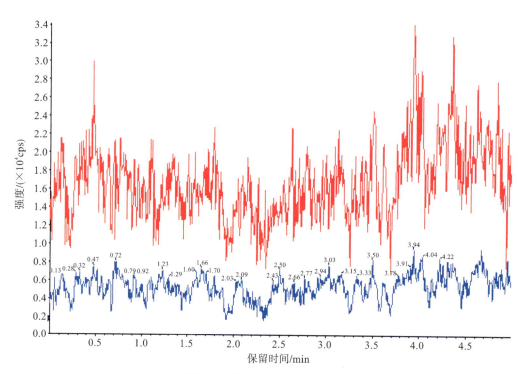

图 1-22 烟碱空白实验质谱图

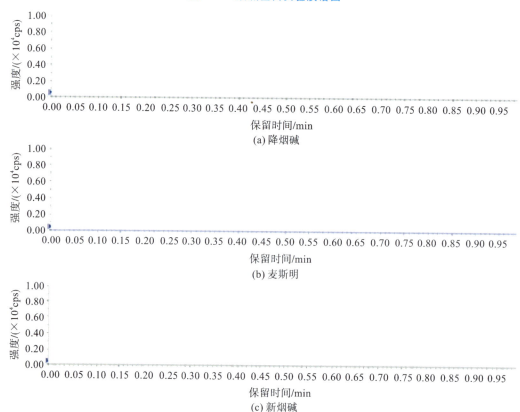

(a) 降烟碱

(b) 麦斯明

(c) 新烟碱

图 1-23 烟碱类似物空白实验质谱图

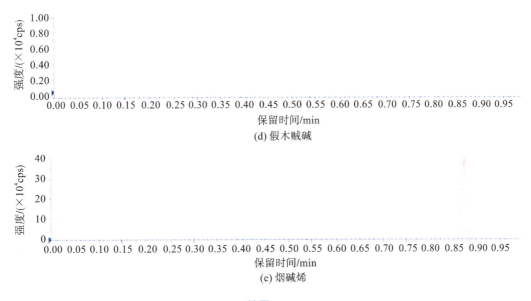

续图 1-23

表 1-22　样品在不同体积超纯水中萃取生物碱的结果

超纯水/mL	称样量/g	烟碱含量/(mg/g)	降烟碱含量/(μg/g)	麦斯明含量/(μg/g)	新烟碱含量/(μg/g)	假木贼碱含量/(μg/g)	烟碱烯含量/(μg/g)
20	0.3014	18.92	390.1	4.2	100.5	8.4	2.2
30	0.3057	20.07	421.2	5.1	112.7	9.2	2.4
40	0.3019	20.05	423.1	5.2	109.9	9.1	2.4
50	0.3085	19.98	422.5	4.8	109.7	8.9	2.3
60	0.3054	20.04	421.9	4.9	108.8	9.1	2.0

注：$C_{0烟碱}$ 为 4.2 μg/mL；含水率为 5.89%。

7. 样品分析比对

分别选择 5 种成品卷烟(编号为 1#～5#)和 5 种原料烟叶(编号为 6#～10#)采用 DART SVP-MS/MS 分析，20 s 即可完成一份样品的分析，测得烟碱及其类似物的含量见表 1-23～表 1-28。与按现行行业标准《烟草及烟草制品 烟碱、降烟碱、新烟碱、麦斯明和假木贼碱的测定 气相色谱-质谱联用法》(YC/T 383—2010)测定结果比较，从表 1-23～表 1-28 中可以看出两种检测方法结果基本一致：烟碱相对偏差为 0.12%～4.19%；降烟碱相对偏差为 0.72%～4.87%；麦斯明相对偏差为 0.74%～4.59%；新烟碱相对偏差为 0.30%

~4.60%；假木贼碱相对偏差为 0.67%~4.73%；烟碱烯相对偏差为 1.23%~9.62%。由于 YC/T 383—2010 中不含烟碱烯的检测，烟碱烯的检测为实验室扩充方法，虽然烟碱烯含量较低，但烟碱烯相对偏差也在 10% 以内；其他几种生物碱的相对偏差均在 5% 以内。说明 DART SVP-MS/MS 分析方法是一种行之有效的分析方法。

表 1-23 样品中烟碱分析结果对比

样品编号	含水率/(%)	称样量/g	测量值/(mg/mL)	C_0/(mg/mL)	DART SVP-MS/MS 测定值/(mg/g)	YC/T 383—2010 测定值/(mg/g)	相对偏差/(%)
1#	5.87	0.3012	0.1945		20.18	20.25	1.42
2#	5.87	0.3025	0.1205		12.15	12.10	1.65
3#	5.88	0.3022	0.2822		29.61	29.51	0.65
4#	5.89	0.3018	0.1510		15.21	15.81	1.62
5#	5.90	0.3028	0.2428	0.0042	25.21	25.51	1.09
6#	8.69	0.3054	0.3863		43.11	43.60	4.19
7#	7.69	0.3041	0.1965		20.15	19.97	2.02
8#	8.66	0.3028	0.2831		30.56	30.85	2.97
9#	8.51	0.3045	0.1433		14.52	14.43	2.09
10#	10.82	0.3059	0.3759		41.15	40.81	0.12

表 1-24 样品中降烟碱分析结果对比

样品编号	含水率/(%)	称样量/g	测量值/(ng/mL)	C_0/(ng/mL)	DART SVP-MS/MS 测定值/(μg/g)	YC/T 383—2010 测定值/(μg/g)	相对偏差/(%)
1#	5.87	0.3012	3964.64		419.51	425.69	1.03
2#	5.87	0.3025	3615.67		380.94	389.87	1.64
3#	5.88	0.3022	2829.61	0	298.45	319.74	4.87
4#	5.89	0.3018	3691.08		389.87	376.44	2.48

续表

样品编号	含水率/(%)	称样量/g	测量值/(ng/mL)	C_0/(ng/mL)	DART SVP-MS/MS 测定值/(μg/g)	YC/T 383—2010 测定值/(μg/g)	相对偏差/(%)
5#	5.90	0.3028	4706.93		495.58	468.99	3.90
6#	8.69	0.3054	2766.11		297.58	302.74	1.22
7#	7.69	0.3041	4301.95	0	459.75	467.68	1.21
8#	8.66	0.3028	2974.50		322.64	331.87	1.99
9#	8.51	0.3045	4731.15		509.48	489.71	2.80
10#	10.82	0.3059	5632.90		619.45	625.75	0.72

表 1-25 样品中麦斯明分析结果对比

样品编号	含水率/(%)	称样量/g	测量值/(ng/mL)	C_0/(ng/mL)	DART SVP-MS/MS 测定值/(μg/g)	YC/T 383—2010 测定值/(μg/g)	相对偏差/(%)
1#	5.87	0.3012	45.55		4.82	5.01	2.73
2#	5.87	0.3025	48.79		5.14	5.27	1.77
3#	5.88	0.3022	33.94		3.58	3.82	4.59
4#	5.89	0.3018	40.52		4.28	4.42	2.28
5#	5.90	0.3028	55.56	0	5.85	5.67	2.21
6#	8.69	0.3054	42.02		4.52	4.68	2.46
7#	7.69	0.3041	45.76		4.89	4.75	2.05
8#	8.66	0.3028	48.59		5.27	5.18	1.22
9#	8.51	0.3045	44.20		4.76	4.81	0.74
10#	10.82	0.3059	43.56		4.79	4.94	2.18

表1-26 样品中新烟碱分析结果对比

样品编号	含水率/(%)	称样量/g	测量值/(ng/mL)	C_0/(ng/mL)	DART SVP-MS/MS 测定值/(μg/g)	YC/T 383—2010 测定值/(μg/g)	相对偏差/(%)
1#	5.87	0.3012	1113.76		117.85	120.14	1.36
2#	5.87	0.3025	993.85		104.71	105.41	0.47
3#	5.88	0.3022	1003.28		105.82	102.48	2.27
4#	5.89	0.3018	990.68		104.64	100.57	2.80
5#	5.90	0.3028	952.44	0	100.28	104.51	2.92
6#	8.69	0.3054	1046.01		112.53	120.1	4.60
7#	7.69	0.3041	1014.50		108.42	110.34	1.24
8#	8.66	0.3028	990.70		107.46	105.91	1.03
9#	8.51	0.3045	935.03		100.69	99.84	0.60
10#	10.82	0.3059	1104.03		121.41	120.90	0.30

表1-27 样品中假木贼碱分析结果对比

样品编号	含水率/(%)	称样量/g	测量值/(ng/mL)	C_0/(ng/mL)	DART SVP-MS/MS 测定值/(μg/g)	YC/T 383—2010 测定值/(μg/g)	相对偏差/(%)
1#	5.87	0.3012	79.57		8.42	8.5	0.67
2#	5.87	0.3025	62.07		6.54	6.71	1.81
3#	5.88	0.3022	65.42		6.9	7.04	1.42
4#	5.89	0.3018	74.22		7.84	7.68	1.46
5#	5.90	0.3028	51.95	0	5.47	5.59	1.53
6#	8.69	0.3054	79.66		8.57	9.04	3.77
7#	7.69	0.3041	63.63		6.8	6.36	4.73
8#	8.66	0.3028	72.09		7.82	8.07	2.23
9#	8.51	0.3045	64.35		6.93	7.15	2.21
10#	10.82	0.3059	93.39		10.27	9.84	3.02

表1-28 样品中烟碱烯分析结果对比

样品编号	含水率/(%)	称样量/g	测量值/(ng/mL)	C_0/(ng/mL)	DART SVP-MS/MS 测定值/(μg/g)	YC/T 383—2010 测定值/(μg/g)	相对偏差/(%)
1#	5.87	0.3012	17.39		1.84	1.91	2.64
2#	5.87	0.3025	19.65		2.07	1.92	5.32
3#	5.88	0.3022	27.12		2.86	2.91	1.23
4#	5.89	0.3018	23.38		2.47	2.59	3.35
5#	5.90	0.3028	14.72	0	1.55	1.70	6.53
6#	8.69	0.3054	24.07		2.59	2.26	9.62
7#	7.69	0.3041	22.46		2.40	2.28	3.63
8#	8.66	0.3028	13.83		1.50	1.71	9.25
9#	8.51	0.3045	22.29		2.40	2.27	3.94
10#	10.82	0.3059	25.83		2.84	3.00	3.87

（三）方法小结

本节建立了一种采用DART-MS/MS技术测定烟草及烟草制品中烟碱及其类似物含量的方法，样品直接经过超纯水萃取即可分析。通过对方法的重现性、回收率进行考察，并将分析结果与现行标准方法分析结果进行对比，可知该方法的测定结果可靠。该方法前处理简单，不需要净化富集，是一种快速、无溶剂污染环境、高通量的分析方法。

（四）实际样品检测应用

选取烤烟烟叶、白肋烟烟叶、香料烟烟叶、烟草薄片及成品卷烟烟丝等50个样品，采用本节建立的基于DART-MS/MS技术测定烟草及烟草制品中烟碱及其类似物的方法对样品进行分析。结果详见表1-29。

表 1-29　烟碱及其类似物分析结果（DART-MS/MS 法）

序号	称样量 /g	含水率 /(%)	烟碱含量 /(mg/g)	降烟碱含量 /(μg/g)	麦斯明含量 /(μg/g)	新烟碱含量 /(μg/g)	假木贼碱含量 /(μg/g)	烟碱烯含量 /(μg/g)
1	0.3015	5.42	21.12	324.78	4.42	117.75	6.85	1.46
2	0.3028	6.72	24.54	385.87	4.15	104.22	6.57	1.54
3	0.3057	5.67	30.41	299.99	4.58	105.02	6.98	1.82
4	0.3086	6.57	25.21	289.78	4.25	104.60	7.88	1.47
5	0.3045	6.87	25.11	295.58	4.85	100.98	5.78	1.56
6	0.3079	6.45	23.11	297.58	4.50	112.55	6.55	1.59
7	0.3071	6.25	20.19	259.76	4.29	108.78	6.81	1.84
8	0.3075	5.89	20.56	322.68	4.87	106.87	6.52	1.95
9	0.3064	5.75	24.12	309.68	4.72	106.44	6.94	2.07
10	0.3080	5.64	21.15	319.95	4.70	111.11	6.87	2.00
11	0.3027	5.91	41.45	411.52	5.47	582.25	10.78	1.05
12	0.3046	5.68	39.45	456.85	5.96	510.50	12.62	2.96
13	0.3054	5.75	38.74	415.28	5.41	527.62	26.58	2.67
14	0.3048	5.39	48.59	431.82	5.02	563.70	25.00	2.68
15	0.3082	6.26	45.74	418.24	5.36	577.01	24.10	1.64
16	0.3019	6.18	42.15	419.58	5.46	529.52	25.71	2.06
17	0.3042	6.40	43.18	420.40	5.64	531.20	24.25	1.45
18	0.3052	5.86	39.75	431.91	5.47	555.21	23.62	2.51

续表

序号	称样量/g	含水率/(%)	烟碱含量/(mg/g)	降烟碱含量/(μg/g)	麦斯明含量/(μg/g)	新烟碱含量/(μg/g)	假木贼碱含量/(μg/g)	烟碱烯含量/(μg/g)
19	0.3043	5.77	37.85	460.44	5.19	546.55	25.34	0.94
20	0.3019	5.82	36.84	423.55	5.39	546.74	23.41	1.19
21	0.3048	6.48	15.75	242.25	2.54	399.52	18.25	3.79
22	0.3081	5.81	19.84	264.33	1.98	408.52	16.25	4.50
23	0.3029	5.64	17.58	264.30	1.89	408.18	17.82	4.05
24	0.3049	5.98	18.68	241.52	2.04	378.52	16.87	3.91
25	0.3072	6.42	17.82	249.82	1.99	392.22	13.46	4.21
26	0.3064	6.10	19.58	237.37	2.08	397.00	13.58	4.03
27	0.3062	6.71	20.39	243.11	2.04	398.55	19.52	3.96
28	0.3043	6.14	21.35	242.98	2.22	392.08	16.48	3.79
29	0.3038	6.28	22.22	248.50	2.17	385.99	17.92	3.10
30	0.3034	6.32	20.47	218.11	2.39	398.33	16.89	3.44
31	0.3072	6.22	25.54	285.52	6.54	214.51	11.11	0.64
32	0.3066	6.35	26.84	301.00	5.48	222.22	12.74	0.98
33	0.3053	6.45	28.56	305.84	6.72	238.21	16.61	0.75
34	0.3028	5.89	24.34	306.45	6.19	208.52	17.52	0.61
35	0.3037	5.98	23.69	295.51	6.95	206.42	12.41	0.66

续表

序号	称样量/g	含水率/(%)	烟碱含量/(mg/g)	降烟碱含量/(μg/g)	麦斯明含量/(μg/g)	新烟碱含量/(μg/g)	假木贼碱含量/(μg/g)	烟碱烯含量/(μg/g)
36	0.3050	5.78	25.64	291.45	6.85	207.54	11.56	0.85
37	0.3044	6.78	24.58	298.71	6.37	208.55	16.42	0.84
38	0.3052	6.18	25.12	297.11	6.38	201.22	14.53	0.64
39	0.3061	6.47	25.21	258.58	6.40	230.42	16.31	0.41
40	0.3044	6.33	26.41	258.85	6.28	230.77	15.81	0.67
41	0.3075	6.66	26.85	335.41	6.88	189.25	29.82	2.85
42	0.3049	6.15	26.58	312.27	6.19	198.51	20.71	2.46
43	0.3057	6.28	22.45	316.75	6.11	208.82	10.28	2.16
44	0.3033	6.37	21.41	369.12	6.29	200.25	29.53	2.33
45	0.3046	6.08	21.43	315.80	6.13	209.56	27.64	2.41
46	0.3038	6.17	19.58	382.10	6.85	207.05	24.54	2.34
47	0.3045	6.21	16.81	333.14	6.47	207.55	26.65	2.49
48	0.3051	6.38	22.68	345.56	6.33	210.10	24.89	2.58
49	0.3067	6.34	24.29	348.22	6.66	203.52	29.34	2.74
50	0.3055	6.49	23.86	319.57	6.57	203.88	26.87	2.40

注：$C_{0烟碱}$为 4.2 μg/mL，其他类似物空白实验中浓度为 0 ng/mL。

本节介绍的 DART-MS/MS 高通量分析方法可应用于烤烟烟叶、白肋烟烟叶、香料烟烟叶、烟草薄片及成品卷烟烟丝等实际样品的分析。

三、DART-MS/MS 指纹图谱对卷烟稳定性评价

(一)样品分析

1. 卷烟烟丝样品的前处理

将收集到的不同批次 3 个规格的成品卷烟,分别编号为 A、B 和 C,分别取出烟支中的烟丝,把烟丝放入烘箱中,在 40 ℃下烘烤 2 h,用高速旋风磨对烟草及烟草制品进行初级破壁后,再由 TYMl2-30L 型微粉机进行烟丝超微粉细胞破壁,然后过 40 目筛网,密封保存为备样。称取 1.0 g 备样置于 100 mL 的三角烧瓶中,加 30 mL 超纯水在振荡器上振荡(转速为 150 r/min)萃取 30 min;静置 3min 后,取上层澄清液于样品瓶中,然后进行 DART-MS/MS 分析。

(1)仪器条件。

按上节中的条件进行 DART-MS/MS 分析,并采集仪器的质谱信息。

(2)A 样品 DART-MS/MS 质谱图。

A 样品 DART-MS/MS 质谱图见图 1-24。

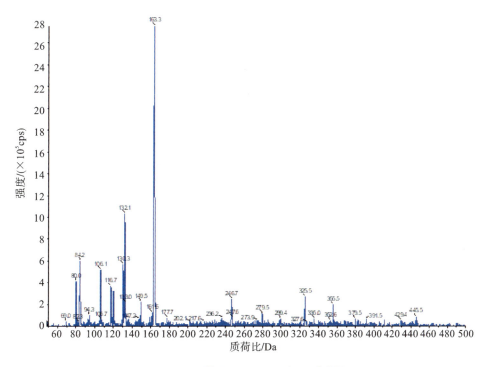

图 1-24　A 样品 DART-MS/MS 质谱图

2. 特征成分定量检测数据结果

分别采集、提取了 A 样品 2015 年(30 个平行数据点)、2016 年 7 月(39 个平行数据

点)、2016年8月(36个平行数据点)、2016年9月(19个平行数据点)、2016年10月(19个平行数据点),B样品2015年(28个平行数据点)以及C样品2016年(24个平行数据点)DART-MS/MS的质谱特征数据。

(二)质谱特征组分含量检测数据的趋势性分析

1. A样品不同批次数据的趋势性分析

采用ChemPattern软件(科迈恩(北京)科技有限公司)对A样品2015年(30个平行数据点)、2016年7月(39个平行数据点)、2016年8月(36个平行数据点)、2016年9月(19个平行数据点)和2016年10月(19个平行数据点)质谱特征数据采用UV标度化法进行预处理,然后采用主成分分析方法(principal component analysis,PCA)进行降维处理,从相关矩阵出发,并提取前两个主要成分PC1(方差解释率为45.35%)和PC2(方差解释率为18.39%),累计方差解释率为63.74%。以主成分PC1为横坐标、主成分PC2为纵坐标,将质谱数据中的含量数据投影到二维平面空间,如图1-25所示。

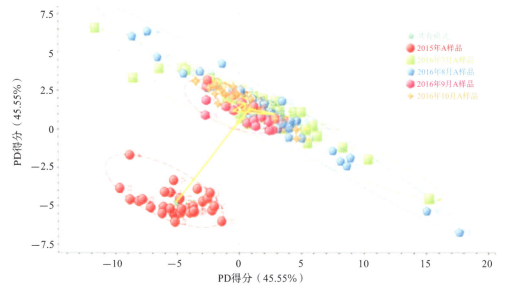

图1-25 不同生产批次A样品的质量趋势图

在图1-25中,红色圆点为2015年A样品的数据点;绿色方点为2016年7月A样品的数据点;蓝色五边形点为2016年8月A样品的数据点;粉红色六边形点为2016年9月A样品的数据点;橙色四角星形点为2016年10月A样品的数据点。5种颜色的数据点可以聚成5类,其中2016年7月、8月、9月和10月数据点的重心相距较近。2016年7月、9月和10月烟丝数据点重叠面积较大,说明这几个月烟丝的品质基本保持一致,而8月烟丝数据点相较于7月、9月和10月的数据点有一定程度的偏移,说明烟丝品质出现了细微波动,该波动为月度间的波动。2016年7—10月样品数据点与2015年数据点的距离较远,说明

A样品质量发生了较大波动,该波动为年度间的波动。

通过连接5类数据点的重心,可以得到A样品质量的趋势性变化曲线,如图1-25中黄色带箭头的实线所示,该实线清晰地描述出A样品质量的变化方向。所以,该种方法可以用来对卷烟烟丝的质量进行趋势性分析。

2. 不同规格样品数据的趋势性分析

采用上述分析方法,增加2015年B样品的数据,如图1-26所示。从图1-26中可知,相对于2015年B样品的数据点,2015年以及2016年7—10月A样品的数据点的质量变化趋势如图中黄色带箭头实线所示。

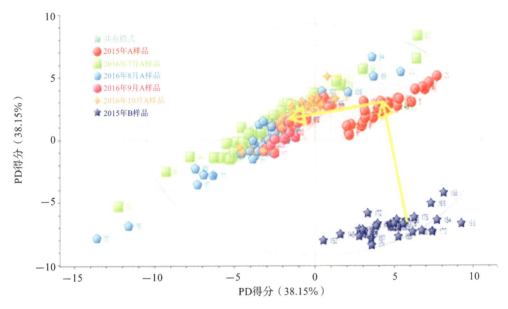

图1-26　不同生产批次 A、B样品的质量趋势图

(三) 卷烟稳定性评价

以2015年A样品30个平行数据点作为参考标准,分别采用余弦相似度和欧氏距离两种方法对检测数据进行相似度度量。相似度度量(similarity measurement)即计算个体的相似程度,相似度度量的值越小,说明个体间相似度越小;相似度度量的值越大,说明个体间差异越小。

余弦相似度(cosine similarity)用向量空间中两个向量夹角的余弦值衡量两个个体间差异的大小。余弦值越接近1,就表明夹角越接近0°,也就是两个向量越相似。欧几里得度量(Euclidean metric,也称欧氏距离)是一个通常采用的距离定义,指在 m 维空间中两个点之间的真实距离,或者向量的自然长度(即该点到原点的距离)。在二维和三维空间中的欧氏距离就是两点之间的实际距离。

1. 不同批次和不同规格烟丝中质谱数据组分(重心)的相似度分析

(1)余弦相似度。

求取 A 样品 2015 年(30 个平行数据点)、2016 年 7 月(39 个平行数据点)、2016 年 8 月(36 个平行数据点)、2016 年 9 月(19 个平行数据点)、2016 年 10 月(19 个平行数据点)和 B 样品 2015 年(28 个平行数据点)共 6 种类别样品质谱特征数据组分的重心,基于此,以 2015 年 A 样品(30 个平行数据点)的重心为参考标准,计算其与另外 5 类样品重心的夹角余弦值,并计算相似度。计算结果如图 1-27 和表 1-30 所示,可知相对于 2015 年 A 样品(1 类),2016 年 7 月 A 样品(2 类)、2016 年 8 月 A 样品(3 类)、2016 年 9 月 A 样品(4 类)、2016 年 10 月 A 样品(5 类)和 2015 年 B 样品(6 类)的余弦相似度分别为 0.9777、0.9748、0.9777、0.9677 和 0.8646。

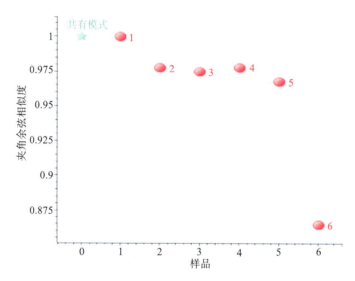

图 1-27 不同批次和不同规格烟丝中质谱特征数据组分(重心)的余弦相似度

表 1-30 不同批次和不同规格烟丝中质谱特征数据组分(重心)的余弦相似度

样品编号	样品名称	分类名称	夹角余弦相似度
0	共有模式	参考样品	1
1	A	2015 年	1
2	A	2016 年 7 月	0.9777
3	A	2016 年 8 月	0.9748
4	A	2016 年 9 月	0.9777

续表

样品编号	样品名称	分类名称	夹角余弦相似度
5	A	2016年10月	0.9677
6	B	2015年	0.8646

注：共有模式即所有样品共同拥有的特征部分，后同。

(2) 欧氏距离。

从6种类别样品的重心出发，求取A样品与另外5类样品的欧氏距离，如图1-28和表1-31所示。可知相对于2015年A样品(1类)，2016年7月A样品(2类)、2016年8月A样品(3类)、2016年9月A样品(4类)、2016年10月A样品(5类)和2015年B样品(6类)的欧氏距离分别为38.5987、39.018、35.428、62.0397和85.102。

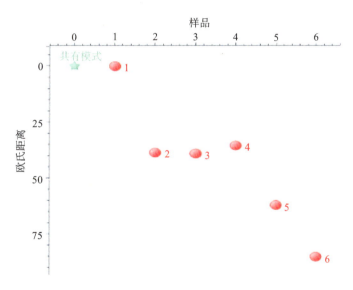

图1-28 不同批次和不同规格烟丝中质谱特征数据组分(重心)的欧氏距离

表1-31 不同批次和不同规格烟丝中质谱特征数据组分(重心)的欧氏距离

样品编号	样品名称	分类名称	欧氏距离
0	共有模式	参考样品	1
1	A	2015年	1
2	A	2016年7月	38.5987
3	A	2016年8月	39.018

续表

样品编号	样品名称	分类名称	欧氏距离
4	A	2016年9月	35.428
5	A	2016年10月	62.0397
6	B	2015年	85.102

2. 不同批次和不同规格烟丝中质谱特征数据组分(散点)的相似度分析

(1)余弦相似度。

为度量同一类别及不同类别样品数据点间的相似性,以2015年A样品(30个平行数据点)为参照,计算另外5类样品质谱特征组分数据的夹角余弦值,并计算相似度。计算结果如表1-32所示,可知,在组内,2015年A样品(1类)各数据点间的相似度均较高,9号、11号样品的相似度较低,约为0.94。在组间,2~4类样品数据点与2015年A样品(1类)数据点间的相似度相对较低。相对于2015年A样品(1类),2016年7月A样品(2类)、2016年8月A样品(3类)、2016年9月A样品(4类)、2016年10月A样品(5类)和2015年B样品(6类)的余弦相似度分布范围分别为0.9111~0.9841、0.9163~0.9970、0.9279~0.9811、0.9408~0.9706和0.7809~0.9010。

表1-32 不同批次和不同品牌烟丝中质谱特征数据组分(重心)的余弦相似度

样品编号	样品名称	分类名称	余弦相似度
0	共有模式		1
1	ym103	2015年A	0.9922
2	ym102	2015年A	0.992
3	ym101	2015年A	0.9923
4	ym93	2015年A	0.9951
5	ym92	2015年A	0.9986
6	ym91	2015年A	0.9707
7	ym83	2015年A	0.998

续表

样品编号	样品名称	分类名称	余弦相似度
8	ym82	2015 年 A	0.9944
9	ym81	2015 年 A	0.94
10	ym73	2015 年 A	0.9981
11	ym72	2015 年 A	0.9481
12	ym71	2015 年 A	0.9976
13	ym63	2015 年 A	0.9985
14	ym62	2015 年 A	0.9979
15	ym61	2015 年 A	0.9987
16	ym53	2015 年 A	0.9545
17	ym52	2015 年 A	0.9881
18	ym51	2015 年 A	0.9985
19	ym43	2015 年 A	0.9954
20	ym42	2015 年 A	0.9975
21	ym41	2015 年 A	0.9987
22	ym33	2015 年 A	0.9989
23	ym32	2015 年 A	0.9967
24	ym31	2015 年 A	0.9893
25	ym23	2015 年 A	0.996
26	ym22	2015 年 A	0.997

续表

样品编号	样品名称	分类名称	余弦相似度
27	ym21	2015年A	0.9984
28	ym13	2015年A	0.9994
29	ym12	2015年A	0.9991
30	ym11	2015年A	0.9984
31	YXR010X-P	2016年7月A	0.9372
32	YXR010X	2016年7月A	0.9593
33	YXR010S-P	2016年7月A	0.9729
34	YXR010S	2016年7月A	0.9629
35	YXR009X-P	2016年7月A	0.9399
36	YXR009X	2016年7月A	0.967
37	YXR009S-P	2016年7月A	0.96
38	YXR009S	2016年7月A	0.9545
39	YXR008X-P	2016年7月A	0.955
40	YXR008X	2016年7月A	0.9735
41	YXR008s-p	2016年7月A	0.9219
42	YXR008s	2016年7月A	0.9594
43	YXR007x-p	2016年7月A	0.9785
44	YXR007x	2016年7月A	0.946
45	YXR007s-p	2016年7月A	0.9358

续表

样品编号	样品名称	分类名称	余弦相似度
46	YXR007s	2016年7月A	0.9707
47	YXR006x-p	2016年7月A	0.9661
48	YXR006x	2016年7月A	0.9402
49	YXR006s-p	2016年7月A	0.9443
50	YXR006s	2016年7月A	0.973
51	YXR005x-p	2016年7月A	0.9344
52	YXR005x	2016年7月A	0.9577
53	YXR005s-p	2016年7月A	0.9599
54	YXR005s	2016年7月A	0.9324
55	YXR004X-p	2016年7月A	0.9471
56	YXR004X	2016年7月A	0.9572
57	YXR004s-p	2016年7月A	0.9752
58	YXR004s	2016年7月A	0.9111
59	YXR003X-p	2016年7月A	0.9779
60	YXR003X	2016年7月A	0.9776
61	YXR003s-p	2016年7月A	0.9781
62	YXR003s	2016年7月A	0.9841
63	YXR002X-p	2016年7月A	0.9476
64	YXR002X	2016年7月A	0.9742

续表

样品编号	样品名称	分类名称	余弦相似度
65	YXR002s-p	2016 年 7 月 A	0.9554
66	YXR002s	2016 年 7 月 A	0.9544
67	YXR001X-p	2016 年 7 月 A	0.9453
68	YXR001X	2016 年 7 月 A	0.9762
69	YXR001S-p	2016 年 7 月 A	0.9425
70	RYX005X2(20160815X)	2016 年 8 月 A	0.9245
71	RYX005X1(20160815X)	2016 年 8 月 A	0.9705
72	RYX005S1(20160815S)	2016 年 8 月 A	0.9229
73	RYX004X2(20160812X)	2016 年 8 月 A	0.9731
74	RYX004S2(20160812S)	2016 年 8 月 A	0.9666
75	RYX004S1(20160812S)	2016 年 8 月 A	0.9576
76	RYX003X2(20160811X)	2016 年 8 月 A	0.9246
77	RYX003X1(20160811X)	2016 年 8 月 A	0.9666
78	RYX003S2(20160811S)	2016 年 8 月 A	0.9163
79	RYX003S1(20160811S)	2016 年 8 月 A	0.9399
80	RYX002X2(20160810X)	2016 年 8 月 A	0.9355
81	RYX002X1(20160810X)	2016 年 8 月 A	0.9751
82	RYX002S2(20160810S)	2016 年 8 月 A	0.9241
83	RYX002S1(20160810S)	2016 年 8 月 A	0.9725

续表

样品编号	样品名称	分类名称	余弦相似度
84	RYX001X2(20160809X)	2016年8月A	0.9579
85	RYX001X1(20160809X)	2016年8月A	0.9668
86	RYX001S1(20160809S)	2016年8月A	0.9473
87	RYX015X2(20160808X)	2016年8月A	0.9463
88	RYX015X1(20160808X)	2016年8月A	0.9703
89	RYX015S2(20160808S)	2016年8月A	0.9723
90	RYX015S1(20160808S)	2016年8月A	0.9747
91	RYX014X2(20160805X)	2016年8月A	0.9448
92	RYX014X1(20160805X)	2016年8月A	0.9645
93	RYX014S2(20160805S)	2016年8月A	0.9482
94	RYX014S1(20160805S)	2016年8月A	0.956
95	RYX013X2(20160804X)	2016年8月A	0.9634
96	RYX013X1(20160804X)	2016年8月A	0.9473
97	RYX013S1(20160804S)	2016年8月A	0.9404
98	RYX012X2(20160803X)	2016年8月A	0.9424
99	RYX012X1(20160803X)	2016年8月A	0.973
100	RYX0121S2(20160803S)	2016年8月A	0.95
101	RYX0121S1(20160803S)	2016年8月A	0.9753
102	RYX011X2(20160802X)	2016年8月A	0.977

续表

样品编号	样品名称	分类名称	余弦相似度
103	RYX011X1(20160802X)	2016年8月A	0.9665
104	RYX011S2(20160802S)	2016年8月A	0.9722
105	RYX011S1(20160802S)	2016年8月A	0.9681
106	20160909X2	2016年9月A	0.9715
107	20160909X1	2016年9月A	0.9368
108	20160909S2	2016年9月A	0.9703
109	20160909S1	2016年9月A	0.9811
110	20160908X2	2016年9月A	0.9768
111	20160908X1	2016年9月A	0.9735
112	20160908S2	2016年9月A	0.9451
113	20160908S1	2016年9月A	0.9279
114	20160907X2	2016年9月A	0.9537
115	20160907X1	2016年9月A	0.9445
116	20160907S2	2016年9月A	0.9627
117	20160907S1	2016年9月A	0.9737
118	20160906X2	2016年9月A	0.9556
119	20160906X1	2016年9月A	0.9627
120	20160906S2	2016年9月A	0.9715
121	20160905X2	2016年9月A	0.966

续表

样品编号	样品名称	分类名称	余弦相似度
122	20160905X1	2016年9月A	0.9712
123	20160905S2	2016年9月A	0.9748
124	20160905S1	2016年9月A	0.9703
125	YXR005X2(20161018X)	2016年10月A	0.9451
126	YXR005X1(20161018X)	2016年10月A	0.9642
127	YXR005S2(20161018S)	2016年10月A	0.9436
128	YXR005S1(20161018S)	2016年10月A	0.9534
129	YXR004X2(20161017X)	2016年10月A	0.9703
130	YXR004X1(20161017X)	2016年10月A	0.9665
131	YXR004S2(20161017S)	2016年10月A	0.9534
132	YXR004S1(20161017S)	2016年10月A	0.9706
133	YXR003X2(20161014X)	2016年10月A	0.965
134	YXR003X1(20161014X)	2016年10月A	0.9663
135	YXR003S2(20161014S)	2016年10月A	0.9526
136	YXR003S1(20161014S)	2016年10月A	0.945
137	YXR002X2(20161013X)	2016年10月A	0.9627
138	YXR002S2(20161013S)	2016年10月A	0.9408
139	YXR002S1(20161013S)	2016年10月A	0.9489
140	YXR001X2(20161012X)	2016年10月A	0.958

续表

样品编号	样品名称	分类名称	余弦相似度
141	YXR001X1(20161012X)	2016 年 10 月 A	0.9438
142	YXR001S2(20161012S)	2016 年 10 月 A	0.9637
143	YXR001S1(20161012S)	2016 年 10 月 A	0.9626
144	0822RZ10-3	2015 年 B	0.8433
145	0822RZ10-2	2015 年 B	0.8692
146	0822RZ10-1	2015 年 B	0.901
147	0822RZ9-3	2015 年 B	0.8542
148	0822RZ9-2	2015 年 B	0.888
149	0822RZ8-3	2015 年 B	0.8485
150	0822RZ8-2	2015 年 B	0.7809
151	0822RZ8-1	2015 年 B	0.824
152	0822RZ7-3	2015 年 B	0.8616
153	0822RZ7-2	2015 年 B	0.8386
154	0822RZ7-1	2015 年 B	0.8200
155	0822RZ6-3	2015 年 B	0.8343
156	0822RZ6-2	2015 年 B	0.8532
157	0822RZ6-1	2015 年 B	0.8102
158	0822RZ5-3	2015 年 B	0.8662
159	0822RZ5-2	2015 年 B	0.8211

续表

样品编号	样品名称	分类名称	余弦相似度
160	0822RZ5-1	2015 年 B	0.8588
161	0822RZ4-3	2015 年 B	0.8231
162	0822RZ4-2	2015 年 B	0.8114
163	0822RZ4-1	2015 年 B	0.7957
164	0822RZ3-3	2015 年 B	0.8371
165	0822RZ3-2	2015 年 B	0.8593
166	0822RZ3-1	2015 年 B	0.8287
167	0822RZ2-3	2015 年 B	0.8347
168	0822RZ2-2	2015 年 B	0.8054
169	0822RZ2-1	2015 年 B	0.8324
170	0822RZ1-3	2015 年 B	0.8744
171	0822RZ1-2	2015 年 B	0.8296

(2)欧氏距离。

选取 2015 年 A 样品(30 个平行数据点)为参照,计算另外 5 类样品质谱特征组分数据的欧式距离,结果如表 1-33 所示。可知,在组内,2015 年 A 样品(1 类)中各数据点间的欧氏距离均较小,其距离范围为 0.264～2.5983。在组间,2～6 类样品数据点与 2015 年 A 样品(1 类)数据点间的欧氏距离较大。相对于 2015 年 A 样品(1 类),2016 年 7 月 A 样品(2 类)、2016 年 8 月 A 样品(3 类)、2016 年 9 月 A 样品(4 类)、2016 年 10 月 A 样品(5 类)和 2015 年 B 样品(6 类)的欧氏距离分布范围分别为 1.3365～3.1379、1.6019～3.0377、1.4533～2.8327、1.8099～2.5595 和 3.3763～4.9185。

表 1-33　不同批次和不同规格烟丝中质谱特征数据组分(散点)的欧氏距离

样品编号	样品名称	分类名称	欧氏距离
0	共有模式		1

续表

样品编号	样品名称	分类名称	欧氏距离
1	ym103	2015 年 A	0.9376
2	ym102	2015 年 A	0.9513
3	ym101	2015 年 A	0.9324
4	ym93	2015 年 A	0.7437
5	ym92	2015 年 A	0.4032
6	ym91	2015 年 A	1.8161
7	ym83	2015 年 A	0.4723
8	ym82	2015 年 A	0.7964
9	ym81	2015 年 A	2.5983
10	ym73	2015 年 A	0.4634
11	ym72	2015 年 A	2.4149
12	ym71	2015 年 A	0.5184
13	ym63	2015 年 A	0.4057
14	ym62	2015 年 A	0.4897
15	ym61	2015 年 A	0.3812
16	ym53	2015 年 A	2.2601
17	ym52	2015 年 A	1.16
18	ym51	2015 年 A	0.4126
19	ym43	2015 年 A	0.7242

续表

样品编号	样品名称	分类名称	欧氏距离
20	ym42	2015 年 A	0.5304
21	ym41	2015 年 A	0.3785
22	ym33	2015 年 A	0.3481
23	ym32	2015 年 A	0.6082
24	ym31	2015 年 A	1.0989
25	ym23	2015 年 A	0.6751
26	ym22	2015 年 A	0.5798
27	ym21	2015 年 A	0.4196
28	ym13	2015 年 A	0.264
29	ym12	2015 年 A	0.3169
30	ym11	2015 年 A	0.4302
31	YXR010X-P	2016 年 7 月 A	2.6349
32	YXR010X	2016 年 7 月 A	2.1287
33	YXR010S-P	2016 年 7 月 A	1.7397
34	YXR010S	2016 年 7 月 A	2.0341
35	YXR009X-P	2016 年 7 月 A	2.5768
36	YXR009X	2016 年 7 月 A	1.9168
37	YXR009S-P	2016 年 7 月 A	2.1108
38	YXR009S	2016 年 7 月 A	2.2492

续表

样品编号	样品名称	分类名称	欧氏距离
39	YXR008X-P	2016年7月A	2.239
40	YXR008X	2016年7月A	1.7204
41	YXR008s-p	2016年7月A	2.9347
42	YXR008s	2016年7月A	2.1277
43	YXR007x-p	2016年7月A	1.5494
44	YXR007x	2016年7月A	2.4516
45	YXR007s-p	2016年7月A	2.6648
46	YXR007s	2016年7月A	1.8061
47	YXR006x-p	2016年7月A	1.9425
48	YXR006x	2016年7月A	2.5786
49	YXR006s-p	2016年7月A	2.4828
50	YXR006s	2016年7月A	1.7369
51	YXR005x-p	2016年7月A	2.6918
52	YXR005x	2016年7月A	2.1695
53	YXR005s-p	2016年7月A	2.1141
54	YXR005s	2016年7月A	2.7413
55	YXR004X-p	2016年7月A	2.4203
56	YXR004X	2016年7月A	2.1844
57	YXR004s-p	2016年7月A	1.6657

续表

样品编号	样品名称	分类名称	欧氏距离
58	YXR004s	2016年7月A	3.1379
59	YXR003X-p	2016年7月A	1.5714
60	YXR003X	2016年7月A	1.581
61	YXR003s-p	2016年7月A	1.5651
62	YXR003s	2016年7月A	1.3365
63	YXR002X-p	2016年7月A	2.4079
64	YXR002X	2016年7月A	1.6963
65	YXR002s-p	2016年7月A	2.2264
66	YXR002s	2016年7月A	2.2557
67	YXR001X-p	2016年7月A	2.46
68	YXR001X	2016年7月A	1.6324
69	YXR001S-p	2016年7月A	2.5305
70	RYX005X2(20160815X)	2016年8月A	2.887
71	RYX005X1(20160815X)	2016年8月A	1.8121
72	RYX005S1(20160815S)	2016年8月A	2.9167
73	RYX004X2(20160812X)	2016年8月A	1.7326
74	RYX004S2(20160812S)	2016年8月A	1.9311
75	RYX004S1(20160812S)	2016年8月A	2.1749
76	RYX003X2(20160811X)	2016年8月A	2.885

续表

样品编号	样品名称	分类名称	欧氏距离
77	RYX003X1(20160811X)	2016 年 8 月 A	1.9306
78	RYX003S2(20160811S)	2016 年 8 月 A	3.0377
79	RYX003S1(20160811S)	2016 年 8 月 A	2.578
80	RYX002X2(20160810X)	2016 年 8 月 A	2.6708
81	RYX002X1(20160810X)	2016 年 8 月 A	1.6687
82	RYX002S2(20160810S)	2016 年 8 月 A	2.8945
83	RYX002S1(20160810S)	2016 年 8 月 A	1.75
84	RYX001X2(20160809X)	2016 年 8 月 A	2.1667
85	RYX001X1(20160809X)	2016 年 8 月 A	1.9241
86	RYX001S1(20160809S)	2016 年 8 月 A	2.4253
87	RYX015X2(20160808X)	2016 年 8 月 A	2.4459
88	RYX015X1(20160808X)	2016 年 8 月 A	1.8201
89	RYX015S2(20160808S)	2016 年 8 月 A	1.7587
90	RYX015S1(20160808S)	2016 年 8 月 A	1.68
91	RYX014X2(20160805X)	2016 年 8 月 A	2.4804
92	RYX014X1(20160805X)	2016 年 8 月 A	1.9893
93	RYX014S2(20160805S)	2016 年 8 月 A	2.4027
94	RYX014S1(20160805S)	2016 年 8 月 A	2.216
95	RYX013X2(20160804X)	2016 年 8 月 A	2.0201

续表

样品编号	样品名称	分类名称	欧氏距离
96	RYX013X1(20160804X)	2016年8月A	2.4236
97	RYX013S1(20160804S)	2016年8月A	2.5676
98	RYX012X2(20160803X)	2016年8月A	2.5323
99	RYX012X1(20160803X)	2016年8月A	1.7345
100	RYX0121S2(20160803S)	2016年8月A	2.3608
101	RYX0121S1(20160803S)	2016年8月A	1.6606
102	RYX011X2(20160802X)	2016年8月A	1.6019
103	RYX011X1(20160802X)	2016年8月A	1.9309
104	RYX011S2(20160802S)	2016年8月A	1.759
105	RYX011S1(20160802S)	2016年8月A	1.8853
106	20160909X2	2016年9月A	1.7844
107	20160909X1	2016年9月A	2.6526
108	20160909S2	2016年9月A	1.8194
109	20160909S1	2016年9月A	1.4533
110	20160908X2	2016年9月A	1.6092
111	20160908X1	2016年9月A	1.7214
112	20160908S2	2016年9月A	2.4666
113	20160908S1	2016年9月A	2.8327
114	20160907X2	2016年9月A	2.2725

续表

样品编号	样品名称	分类名称	欧氏距离
115	20160907X1	2016年9月A	2.4795
116	20160907S2	2016年9月A	2.0394
117	20160907S1	2016年9月A	1.7144
118	20160906X2	2016年9月A	2.2192
119	20160906X1	2016年9月A	2.0396
120	20160906S2	2016年9月A	1.7823
121	20160905X2	2016年9月A	1.9467
122	20160905X1	2016年9月A	1.7943
123	20160905S2	2016年9月A	1.6783
124	20160905S1	2016年9月A	1.8194
125	YXR005X2(20161018X)	2016年10月A	2.4636
126	YXR005X1(20161018X)	2016年10月A	1.9957
127	YXR005S2(20161018S)	2016年10月A	2.5041
128	YXR005S1(20161018S)	2016年10月A	2.2776
129	YXR004X2(20161017X)	2016年10月A	1.8194
130	YXR004X1(20161017X)	2016年10月A	1.9315
131	YXR004S2(20161017S)	2016年10月A	2.2727
132	YXR004S1(20161017S)	2016年10月A	1.8099
133	YXR003X2(20161014X)	2016年10月A	1.9735

续表

样品编号	样品名称	分类名称	欧氏距离
134	YXR003X1(20161014X)	2016年10月A	1.9348
135	YXR003S2(20161014S)	2016年10月A	2.2911
136	YXR003S1(20161014S)	2016年10月A	2.4679
137	YXR002X2(20161013X)	2016年10月A	2.0346
138	YXR002S2(20161013S)	2016年10月A	2.5595
139	YXR002S1(20161013S)	2016年10月A	2.3801
140	YXR001X2(20161012X)	2016年10月A	2.1587
141	YXR001X1(20161012X)	2016年10月A	2.4948
142	YXR001S2(20161012S)	2016年10月A	2.0102
143	YXR001S1(20161012S)	2016年10月A	2.0388
144	0822RZ10-3	2015年B	4.27
145	0822RZ10-2	2015年B	3.9
146	0822RZ10-1	2015年B	3.3763
147	0822RZ9-3	2015年B	4.1163
148	0822RZ9-2	2015年B	3.5756
149	0822RZ8-3	2015年B	4.1398
150	0822RZ8-2	2015年B	4.9185
151	0822RZ8-1	2015年B	4.5369
152	0822RZ7-3	2015年B	3.9997

续表

样品编号	样品名称	分类名称	欧氏距离
153	0822RZ7-2	2015 年 B	4.2412
154	0822RZ7-1	2015 年 B	4.5703
155	0822RZ6-3	2015 年 B	4.3962
156	0822RZ6-2	2015 年 B	4.0965
157	0822RZ6-1	2015 年 B	4.5911
158	0822RZ5-3	2015 年 B	3.926
159	0822RZ5-2	2015 年 B	4.463
160	0822RZ5-1	2015 年 B	4.0153
161	0822RZ4-3	2015 年 B	4.5397
162	0822RZ4-2	2015 年 B	4.5781
163	0822RZ4-1	2015 年 B	4.7532
164	0822RZ3-3	2015 年 B	4.3155
165	0822RZ3-2	2015 年 B	4.0076
166	0822RZ3-1	2015 年 B	4.4679
167	0822RZ2-3	2015 年 B	4.2897
168	0822RZ2-2	2015 年 B	4.7608
169	0822RZ2-1	2015 年 B	4.4071
170	0822RZ1-3	2015 年 B	3.7875
171	0822RZ1-2	2015 年 B	4.4546

3. 不同批次和不同规格烟丝中主要特征组分(散点)的马氏距离分析

为计算和研究不同批次和不同规格烟丝中主要特征组分(散点)的马氏距离,同样以 2015 年 A 样品主要特征组分(30 个数据点)为参考,分别计算另外 5 类样品与参考样品间的马氏距离,结果如表 1-34 所示。可知,同一规格不同批次的样品之间的马氏距离相对较小,2016 年 7 月、8 月、9 月和 10 月 A 样品相对于参考样品的马氏距离分布范围分别为 3064.3866~6471.7738、2398.877~4855.6776、1248.4853~4471.4798 和 1453.1557~4598.5609。对于不同规格样品,它们之间的马氏距离则非常大,B 样品相对于参考样品的马氏距离分布范围为 19927.4426~25602.4203,是同一规格不同批次样品之间马氏距离的 5~10 倍。另外,相对于欧氏距离来说,马氏距离充分考虑了质谱特征数据组分指标间的数量级及量纲的差异,同时,其对不同规格烟丝间的差异特征表现出更高的灵敏度。

表 1-34 不同批次和不同规格烟丝中主要特征组分(散点)的马氏距离

样品编号	样品名称	分类名称	马氏距离
0	共有模式		1.6885
1	烟末 10-3	2015 年 A 样品	26.0433
2	烟末 10-2	2015 年 A 样品	23.465
3	烟末 10-1	2015 年 A 样品	21.6096
4	烟末 9-3	2015 年 A 样品	10.3625
5	烟末 9-2	2015 年 A 样品	10.0962
6	烟末 9-1	2015 年 A 样品	16.4952
7	烟末 8-3	2015 年 A 样品	18.8242
8	烟末 8-2	2015 年 A 样品	23.8911
9	烟末 8-1	2015 年 A 样品	24.2098
10	烟末 7-3	2015 年 A 样品	20.6297
11	烟末 7-2	2015 年 A 样品	21.0534
12	烟末 7-1	2015 年 A 样品	18.7476

续表

样品编号	样品名称	分类名称	马氏距离
13	烟末 6-3	2015 年 A 样品	22.905
14	烟末 6-2	2015 年 A 样品	20.7416
15	烟末 6-1	2015 年 A 样品	15.717
16	烟末 5-3	2015 年 A 样品	20.7417
17	烟末 5-2	2015 年 A 样品	22.9443
18	烟末 5-1	2015 年 A 样品	19.4908
19	烟末 4-3	2015 年 A 样品	25.9302
20	烟末 4-2	2015 年 A 样品	15.8949
21	烟末 4-1	2015 年 A 样品	12.7797
22	烟末 3-3	2015 年 A 样品	16.1243
23	烟末 3-2	2015 年 A 样品	12.3681
24	烟末 3-1	2015 年 A 样品	20.0646
25	烟末 2-3	2015 年 A 样品	14.2279
26	烟末 2-2	2015 年 A 样品	14.8448
27	烟末 2-1	2015 年 A 样品	17.6766
28	烟末 1-3	2015 年 A 样品	21.7085
29	烟末 1-2	2015 年 A 样品	24.5311
30	烟末 1-1	2015 年 A 样品	25.8813
31	YXR010X-P	2016 年 7 月 A 样品	5115.5917

续表

样品编号	样品名称	分类名称	马氏距离
32	YXR010X	2016年7月A样品	4698.3408
33	YXR010S-P	2016年7月A样品	5498.6948
34	YXR010S	2016年7月A样品	4947.6513
35	YXR009X-P	2016年7月A样品	4033.6703
36	YXR009X	2016年7月A样品	4624.6578
37	YXR009S-P	2016年7月A样品	6263.002
38	YXR009S	2016年7月A样品	5570.2527
39	YXR008X-P	2016年7月A样品	5752.1509
40	YXR008X	2016年7月A样品	5300.1783
41	YXR008s-p	2016年7月A样品	4232.615
42	YXR008s	2016年7月A样品	3999.4422
43	YXR007x-p	2016年7月A样品	4014.6567
44	YXR007x	2016年7月A样品	6471.7738
45	YXR007s-p	2016年7月A样品	3215.8165
46	YXR007s	2016年7月A样品	3748.2686
47	YXR006x-p	2016年7月A样品	4951.8768
48	YXR006x	2016年7月A样品	5191.1866
49	YXR006s-p	2016年7月A样品	3457.5314
50	YXR006s	2016年7月A样品	3834.1911

续表

样品编号	样品名称	分类名称	马氏距离
51	YXR005x-p	2016年7月A样品	3475.4179
52	YXR005x	2016年7月A样品	5459.2518
53	YXR005s-p	2016年7月A样品	5330.4195
54	YXR005s	2016年7月A样品	5182.1742
55	YXR004X-p	2016年7月A样品	4481.5182
56	YXR004X	2016年7月A样品	5784.1559
57	YXR004s-p	2016年7月A样品	5332.2519
58	YXR004s	2016年7月A样品	4122.2154
59	YXR003X-p	2016年7月A样品	5429.5792
60	YXR003X	2016年7月A样品	4475.8413
61	YXR003s-p	2016年7月A样品	5773.0644
62	YXR003s	2016年7月A样品	4056.4397
63	YXR002X-p	2016年7月A样品	5698.6425
64	YXR002X	2016年7月A样品	3453.4267
65	YXR002s-p	2016年7月A样品	3779.6243
66	YXR002s	2016年7月A样品	3064.3866
67	YXR001X-p	2016年7月A样品	4634.0582
68	YXR001X	2016年7月A样品	3420.5968
69	YXR001S-p	2016年7月A样品	4789.7414

续表

样品编号	样品名称	分类名称	马氏距离
70	RYX005X2(20160815X)	2016年8月A样品	3517.0386
71	RYX005X1(20160815X)	2016年8月A样品	4372.6312
72	RYX005S1(20160815S)	2016年8月A样品	4185.6049
73	RYX004X2(20160812X)	2016年8月A样品	4302.7734
74	RYX004S2(20160812S)	2016年8月A样品	3816.3498
75	RYX004S1(20160812S)	2016年8月A样品	4007.6407
76	RYX003X2(20160811X)	2016年8月A样品	3294.9902
77	RYX003X1(20160811X)	2016年8月A样品	3338.3382
78	RYX003S2(20160811S)	2016年8月A样品	3327.4399
79	RYX003S1(20160811S)	2016年8月A样品	4075.9878
80	RYX002X2(20160810X)	2016年8月A样品	3525.6383
81	RYX002X1(20160810X)	2016年8月A样品	3176.3442
82	RYX002S2(20160810S)	2016年8月A样品	4226.8714
83	RYX002S1(20160810S)	2016年8月A样品	3541.0854
84	RYX001X2(20160809X)	2016年8月A样品	4586.7805
85	RYX001X1(20160809X)	2016年8月A样品	4855.6776
86	RYX001S1(20160809S)	2016年8月A样品	2813.0605
87	RYX015X2(20160808X)	2016年8月A样品	4511.8669
88	RYX015X1(20160808X)	2016年8月A样品	3712.5022

续表

样品编号	样品名称	分类名称	马氏距离
89	RYX015S2(20160808S)	2016年8月A样品	4141.8922
90	RYX015S1(20160808S)	2016年8月A样品	3683.7993
91	RYX014X2(20160805X)	2016年8月A样品	4562.4495
92	RYX014X1(20160805X)	2016年8月A样品	4473.8356
93	RYX014S2(20160805S)	2016年8月A样品	3846.1792
94	RYX014S1(20160805S)	2016年8月A样品	3119.4953
95	RYX013X2(20160804X)	2016年8月A样品	3996.1588
96	RYX013X1(20160804X)	2016年8月A样品	2641.583
97	RYX013S1(20160804S)	2016年8月A样品	2398.877
98	RYX012X2(20160803X)	2016年8月A样品	4208.7842
99	RYX012X1(20160803X)	2016年8月A样品	4426.2713
100	RYX0121S2(20160803S)	2016年8月A样品	2561.383
101	RYX0121S1(20160803S)	2016年8月A样品	2516.6709
102	RYX011X2(20160802X)	2016年8月A样品	2585.5822
103	RYX011X1(20160802X)	2016年8月A样品	2405.4392
104	RYX011S2(20160802S)	2016年8月A样品	3104.5917
105	RYX011S1(20160802S)	2016年8月A样品	3114.2042
106	20160909X2	2016年9月A样品	4026.3846
107	20160909X1	2016年9月A样品	4471.4798

续表

样品编号	样品名称	分类名称	马氏距离
108	20160909S2	2016年9月A样品	2777.1578
109	20160909S1	2016年9月A样品	2728.1191
110	20160908X2	2016年9月A样品	3453.9151
111	20160908X1	2016年9月A样品	2856.5892
112	20160908S2	2016年9月A样品	1638.3331
113	20160908S1	2016年9月A样品	2565.032
114	20160907X2	2016年9月A样品	2457.6563
115	20160907X1	2016年9月A样品	3211.3323
116	20160907S2	2016年9月A样品	3114.7596
117	20160907S1	2016年9月A样品	2804.8136
118	20160906X2	2016年9月A样品	2303.2875
119	20160906X1	2016年9月A样品	2415.6223
120	20160906S2	2016年9月A样品	1567.5679
121	20160905X2	2016年9月A样品	3560.4016
122	20160905X1	2016年9月A样品	3017.3864
123	20160905S2	2016年9月A样品	3175.3321
124	20160905S1	2016年9月A样品	2777.1578
125	YXR005X2(20161018X)	2016年10月A样品	4598.5609
126	YXR005X1(20161018X)	2016年10月A样品	3636.0136

续表

样品编号	样品名称	分类名称	马氏距离
127	YXR005S2(20161018S)	2016年10月A样品	3581.0857
128	YXR005S1(20161018S)	2016年10月A样品	4211.9136
129	YXR004X2(20161017X)	2016年10月A样品	2776.7084
130	YXR004X1(20161017X)	2016年10月A样品	3398.9031
131	YXR004S2(20161017S)	2016年10月A样品	3204.2934
132	YXR004S1(20161017S)	2016年10月A样品	3308.3305
133	YXR003X2(20161014X)	2016年10月A样品	4419.291
134	YXR003X1(20161014X)	2016年10月A样品	3999.2706
135	YXR003S2(20161014S)	2016年10月A样品	2678.3255
136	YXR003S1(20161014S)	2016年10月A样品	2141.318
137	YXR002X2(20161013X)	2016年10月A样品	2722.1044
138	YXR002X1(20161013X)	2016年10月A样品	2566.1531
139	YXR002S2(20161013S)	2016年10月A样品	1453.1557
140	YXR002S1(20161013S)	2016年10月A样品	1873.572
141	YXR001X2(20161012X)	2016年10月A样品	1874.8267
142	YXR001S2(20161012S)	2016年10月A样品	3081.2492
143	YXR001S1(20161012S)	2016年10月A样品	3320.4233
144	0822RZ10-3	2015年B样品	21069.1655
145	0822RZ10-2	2015年B样品	23072.2037
146	0822RZ10-1	2015年B样品	23890.4881
147	0822RZ9-3	2015年B样品	25330.0445

续表

样品编号	样品名称	分类名称	马氏距离
148	0822RZ9-2	2015年B样品	25224.4006
149	0822RZ8-3	2015年B样品	20690.393
150	0822RZ8-2	2015年B样品	25602.4203
151	0822RZ8-1	2015年B样品	24422.4788
152	0822RZ7-3	2015年B样品	20199.806
153	0822RZ7-2	2015年B样品	21721.3162
154	0822RZ7-1	2015年B样品	24282.3161
155	0822RZ6-3	2015年B样品	23488.266
156	0822RZ6-2	2015年B样品	23861.9788
157	0822RZ6-1	2015年B样品	22732.7943
158	0822RZ5-3	2015年B样品	25171.123
159	0822RZ5-2	2015年B样品	20531.1293
160	0822RZ5-1	2015年B样品	23313.3814
161	0822RZ4-3	2015年B样品	22192.8493
162	0822RZ4-2	2015年B样品	23499.4192
163	0822RZ4-1	2015年B样品	24082.2677
164	0822RZ3-3	2015年B样品	25173.9243
165	0822RZ3-2	2015年B样品	21932.3419
166	0822RZ3-1	2015年B样品	21276.9341

续表

样品编号	样品名称	分类名称	马氏距离
167	0822RZ2-3	2015 年 B 样品	20783.5636
168	0822RZ2-2	2015 年 B 样品	23502.2555
169	0822RZ2-1	2015 年 B 样品	19927.4426
170	0822RZ1-3	2015 年 B 样品	20611.1823
171	0822RZ1-2	2015 年 B 样品	21524.3032

（四）小结

采用余弦相似度和欧氏距离这两种方法,可以对不同卷烟烟丝样本质谱特征数据组分进行相似度的定量表征。相对于 2015 年 A 样品(1 类)(重心),2~6 类样本(重心)的余弦相似度分别为 0.9777、0.9748、0.9777、0.9677 和 0.8646,欧氏距离分别为 38.5987、39.018、35.428、62.0397 和 85.102。

在组内,2015 年 A 样品(1 类)(散点)中各数据点间的余弦相似度均较高,而欧氏距离均较低。在组间,2~6 类样品数据点与 2015 年 A 样品(1 类)数据点间的相似度相对较低,而欧氏距离均较低。相对于 2015 年 A 样品(1 类),2~6 类样本数据(散点)的余弦相似度分布范围分别为 0.9111~0.9841、0.9163~0.9770、0.9279~0.9811、0.9408~0.9706 和 0.7809~0.9010;欧氏距离分布范围分别为 1.3365~3.1379、1.6019~3.0377、1.4533~2.8327、1.8099~2.5595 和 3.3763~4.9185。

综上所述,利用 DART-MS/MS 指纹图谱,结合余弦相似度和欧氏距离相似度度量方法,可对同一规格卷烟样品的稳定性及不同规格卷烟样品之间的差异性进行评价,同时可以定量描述同一产品不同批次样品的变化趋势。

第六节　本章小结

笔者结合近年来在烟草领域的工作实际,分享了应用 DART-MS/MS 分析技术对烟草及烟草制品中烟碱类化合物进行检测分析的实例,供研究者们参考与借鉴。

(1)进行了烟丝样品处理技术的研究,包括烟丝样品的超微粉碎工艺研究。用TYMl2-30L 型微粉机进行超微粉碎,采用L9(34)正交实验,确定了烟丝粉末的加入量为1000 g,原粉末粒度为通过65目筛,粉碎时间应为40 min。通过显微镜观察、超微粉粒度测定、细胞破壁率测定等对烟丝超微粉碎技术进行研究。

(2)开发了基于DART-MS/MS技术测定烟草及烟草制品中烟碱含量的新方法。将烟叶或烟丝粉末加入超纯水萃取后采用实时直接分析技术对萃取液滴中的烟碱进行热解析和离子化后导入三重四极杆质谱进行分析,为烟草及烟草制品中烟碱的分析提供了一种操作简单、对环境友好、高通量的分析新方法。确定了DART SVP-MS/MS测定烟碱的工作曲线、检出限和定量限、回收率和重复性,进行了空白实验;考察了采用不同溶剂对烟碱萃取剂离子化结果的影响。

(3)采用DART-MS/MS测定烟草及烟草制品中烟碱、降烟碱、麦斯明、假木贼碱、新烟碱和烟碱烯的相对偏差,样品直接经过超纯水萃取即可分析。对检测方法的检出限、定量限、回收率、重复性进行评价,并与现行行业标准YC/T 383—2010的分析结果进行比对:烟碱相对偏差为0.12%~4.19%;降烟碱相对偏差为0.72%~4.87%;麦斯明相对偏差为0.74%~4.59%;新烟碱相对偏差为0.30%~4.60%;假木贼碱相对偏差为0.67%~4.73%;烟碱烯相对偏差为1.23%~9.62%。由于YC/T 383—2010中不含烟碱烯的检测,烟碱烯的检测为实验室扩充方法,虽然烟碱烯含量较低,但烟碱烯相对偏差也在10%以内;其他几种生物碱的相对偏差均在5%以内。说明DART SVP-MS/MS分析方法是一种行之有效的分析方法。该方法前处理简单,不需要净化富集,是一种快速、无溶剂污染环境、高通量的新分析方法。

(4)选择烤烟烟叶、白肋烟烟叶、香料烟烟叶、烟草薄片及成品卷烟烟丝等50个样品,采用基于DART-MS/MS技术测定烟草及烟草制品中烟碱及其类似物的分析方法对样品进行分析。

(5)余弦相似度和欧氏距离均可以用来度量不同卷烟烟丝样本DART-MS/MS质谱指纹图谱全谱段特征数据组分的差异性,同时可以定量描述同一批次内(组内)样品测定的随机误差,以及不同批次或不同规格(组间)样品测定的系统差异。采用DART-MS/MS特征谱线数据的 Hotelling T^2 统计量可以对卷烟烟丝质量趋势进行分析和管控。

参考文献

[1] 胡双飞,张奥,王永刚,等.实时直接分析质谱法在中药质量研究中的应用进展[J].中草药,2023,54(13):4377-4384.

[2] CRAWFIRD E, GORDON J, WU J T, et al. Direct analysis in real time coupled with dried spot sampling for bioanalysis in a drug-discovery setting[J]. Bioanalysis, 2011, 3(11):1217-1226.

[3] 张瑛,张文芳,张炜,等.DART-MS在毒物毒品分析中的应用[J].分析试验

室，2017，36(4)：493-496.

[4] WANG J, ZHOU Y WANG M, et al. High-throughput analysis for artemisinins with deep eutectic Solvents mechanochemical extraction and direct analysis in real time mass spectrometry[J]. analytical Chemistry, 2018, 90 (5): 3109-3117.

[5] 吴亿勤, 刘秀明, 秦云华, 等. DART-MS/MS法测定烟草及烟草制品中的烟碱[J]. 烟草科技, 2017, 50(8): 46-51.

[6] QU G, CHEN B, LIU S L, et al. A modified QuEChERS-DART-MS/MS technique for high-throughput detection of organophosphate nerve agent hydrolysis products in environmental samples[J]. Journal of Analysis and Testing, 2023 (7): 163-171.

[7] YAMASHITA M, FENN J B. Electrospray ion source. Another variation on the free-jet theme[J]. The Journal of Physical Chemistry, 1984, 88 (20): 4451-4459.

[8] LAIKO V V, BALDWIN M A, BURLINGAME A L. Atmospheric pressure matrix-assisted laser desorption/ionization mass spectrometry[J]. Analytical Chemistry, 2000, 72 (4): 652-657.

[9] COOKS R G, OUYANG Z, TAKATS Z, et al. Ambient mass spectrometry[J]. Science, 2006, 311 (5767): 1566-1570.

[10] TAKATS Z, WISEMAN J M, GOLOGAN B, et al. Mass spectrometry sampling under ambient conditions with desorption electrospray ionization [J]. Science, 2004, 306 (5695): 471-473.

[11] HARRIS G A, NYADONG L, FERNANDEZ F M. Recent developments in ambient ionization techniques for analytical mass spectrometry[J]. Analyst, 2008, 133 (10): 1297-1301.

[12] HADDAD R, SPARRAPAN R, EBERLIN M N. Desorption sonic spray ionization for (high) voltage-free ambient mass spectrometry[J]. Rapid Communications in Mass Spectrometry, 2006, 20 (19): 2901-2905.

[13] HAAPALA M, POL J, SAARELA V, et al. Desorption atmospheric pressure photoionization[J]. Analytical Chemistry, 2007, 79 (20): 7867-7872.

[14] CHEN H W, VENTER A, COOKS R G. Extractive electrospray ionization for direct analysis of undiluted urine, milk and other complex mixtures without sample preparation[J]. Chemical Communications, 2006(19): 2042-2044.

[15] MCEWEN C N, MCKAY R G, LARSEN B S. Analysis of solids, liquids, and biological tissues using solids probe introduction at atmospheric pressure on commercial LC/MS instruments[J]. Analytical Chemistry, 2005, 77 (23): 7826-7831.

[16] TAKATS Z, COTTE-RODRIGUEZ I, TALATY N, et al. Direct, trace level detection of explosives on ambient surfaces by desorption atmospheric electrospray

ionization mass spectrometry[J]. Chemical Communications,2005:1950-1952.

[17] NA N, ZHAO M X, ZHANG S C, et al. Development of a dielectric barrier discharge ion source for ambient mass spectrometry[J]. Journal of the American Society for Mass Spectrometry, 2007, 18 (10): 1859-1862.

[18] RATCLIFFE L V, RUTTEN F J M, BARRETT D A, et al. Surface analysis under ambient conditions using plasma-assisted desorption/ionization mass spectrometry [J]. Analytical Chemistry, 2007, 79 (16): 6094-6101.

[19] CHEN H W, WORTMANN A, ZENOBI R. Vivo fingerprinting of nonvolatile compounds in breath by extractive electrospray ionization quadrupole time-of-flight mass spectrometry[J]. Journal of the American Society for Mass Spectrometry, 2007, 42 (9): 1123-1135.

[20] HUANG M Z, HSU H J, WU C I, et al. Direct protein detection from biological media through electrospray-assisted laser desorption ionization/mass spectrometry[J]. Rapid Communications in Mass Spectrometry, 2007, 21 (11): 1767-1775.

[21] NEMES P, VERTES A. Laser ablation electrospray ionization for atmospheric pressure, in vivo, and imaging mass spectrometry[J]. Analytical Chemistry, 2007, 79 (21): 8098-8106.

[22] SAMPSON J S, HAWKRIDGE A M, MUDDIMAN D C. Generation and detection of multiply-charged peptides and proteins by matrix-assisted laser desorption electrospray ionization (MALDESI) fourier transform ion cyclotron resonance mass spectrometry [J]. Rapid Communications in Mass Spectrometry, 2007, 21 (7): 1150-1154.

[23] REZENOM Y H, DONG J, MURRAY K K. Infrared laser-assisted desorption electrospray ionization mass spectrometry[J]. Analyst, 2008, 133 (2): 226-232.

[24] CODY R B, LARAMEE J A, DURST H D. Versatile new ion source for the analysis of materials in open air under ambient conditions[J]. Analytical Chemistry, 2005, 77 (8): 2297-2302.

[25] BERRY R S. The theory of Penning ionization[J]. Chemical Physics Letters, 1974,59(2):367-375.

[26] SONG L, GIBSIN S C, BHANDARI D, et al. Ionization mechanism of positive-ion direct analysis in real time: a transient microenvironment concept[J]. Analytical Chemistry, 2009, 81: 10080-10088.

[27] CODY R B,LARAMEE J A, DURST H D. Versatile new ion source for the analysis of materials in open air under ambient conditions[J]. Analytical Chemistry,

2005,77(8):2297-302.

[28] 佚名.直接快速分析质谱离子源介绍[EB/OL].(2017-12-21)[2024-6-18]. https://max.book118.com/html/2017/1219/144894901.shtm.

[29] COOKS R G,OUYANG Z,TAKATS Z,et al. Ambient mass spectrometry[J]. Science,2006,311(5767):1566-1570.

[30] FERNÁNDEZ F M,CODY R B,GREEN M D,et al. Characterization of solid counterfeit drug samples by desorption electrospray ionization and direct-analysis-in-real-time coupled to time-of-flight mass spectrometry[J]. ChemMedChem,2006,1(7):702-705.

[31] LESIAK A D,CODY R B,DANE A J,et al. Rapid detection by direct analysis in real time-mass spectrometry (DART-MS) of psychoactive plant drugs of abuse:The case of Mitragyna speciosa aka "Kratom"[J]. Forensic Science International,2014(242):210-218.

[32] RAHMAN A F M M,ANGAWI R F,KADI A A. Spatial localisation of curcumin and rapid screening of the chemical compositions of turmeric rhizomes (Curcuma longa Linn.) using direct analysis in real time-mass spectrometry (DART-MS)[J]. Food Chemistry,2015(173):489-494.

[33] XU B,ZHANG D Y,LIU Z Y,et al. Rapid determination of 1-deoxynojirimycin in Morus alba L. leaves by direct analysis in real time (DART) mass spectrometry[J]. Journal of Pharmaceutical and Biomedical Analysis,2015(114):447-454.

[34] PETUCCI C,DIFFENDAL J,KAUFMAN D,et al. Direct analysis in real time for reaction monitoring in drug discovery[J]. Analytical Chemistry,2007,79(13):5064-5070.

[35] JONES R W,CODY R B,MCCLELLAND J F. Differentiating writing inks using direct analysis in real time mass spectrometry[J]. Journal of Forensic Sciences,2006,51(4):915-918.

[36] MORLOCK G,SCHWACK W. Determination of isopropylthioxanthone (ITX) in milk,yoghurt and fat by HPTLC-FLD,HPTLC-ESI/MS and HPTLC-DART/MS[J]. Analytical and Bioanalytical Chemistry,2006,385(3):586-595.

[37] CAJKA T,DANHELOVA H,VAVRECKA A,et al. Evaluation of direct analysis in real time ionization-mass spectrometry (DART - MS) in fish metabolomics aimed to assess the response to dietary supplementation[J]. Talanta,2013(115):263-270.

[38] BUSMAN M,BOBELL J R,MARAGOS C M. Determination of the aflatoxin M 1 (AFM 1) from milk by direct analysis in real time-mass spectrometry

(DART-MS)[J]. Food Control, 2015(47): 592-598.

[39] FRASER K, LANE G A, OTTER D E, et al. Monitoring tea fermentation/manufacturing by direct analysis in real time (DART) mass spectrometry[J]. Food Chemistry, 2013, 141(3): 2060-2065.

[40] HAJSLOVA J, CAJKA T, VACLAVIK L. Challenging applications offered by direct analysis in real time (DART) in food-quality and safety analysis[J]. TrAC Trends in Analytical Chemistry, 2011, 30(2): 204-218.

[41] VACLAVIK L, ZACHARIASOVA M, HRBEK V, et al. Analysis of multiple mycotoxins in cereals under ambient conditions using direct analysis in real time (DART) ionization coupled to high resolution mass spectrometry[J]. Talanta, 2010, 82(5): 1950-1957.

[42] 张佳玲, 张伟, 周志贵, 等. 采用实时直接分析质谱法原位快速鉴别茶叶[J]. 色谱, 2011, 29(7): 681-686.

[43] FRASER K, LANE G A, OTTER D E, et al. Monitoring tea fermentation/manufacturing by direct analysis in real time (DART) mass spectrometry[J]. Food Chemistry, 2013, 141(3): 2060-2065.

[44] KUKI Á, NAGY L, NAGY T, et al. Detection of nicotine as an indicator of tobacco smoke by direct analysis in real time (DART) tandem mass spectrometry[J]. Atmospheric Environment, 2015(100): 74-77.

[45] LI C, LI X E, WU Y Q, et al. Simultaneous ultrafast determination of six alkaloids in mainstream cigarette smoke by DART-MS/MS[J]. Analytical Methods, 2018(10): 4793-4800.

[46] LI C, LI X E, MA M, et al. Simultaneous determination of six alkaloids in tobacco and tobacco products by direct analysis of real-time triple quadrupole mass spectrometry with a modified pretreatment method[J]. Journal of Separation Science, 2020(43): 1603-1613.

[47] VACLAVIK L, CAJKA T, HRBEK V, et al. Ambient mass spectrometry employing direct analysis in real time (DART) ion source for olive oil quality and authenticity assessment[J]. Analytica Chimica Acta, 2009, 645(1): 56-63.

[48] HAYECK N, RAVIER S, GEMAYEL R, et al. Validation of direct analysis real time source/time-of-flight mass spectrometry for organophosphate quantitation on wafer surface[J]. Talanta, 2015, 144: 1163-1170.

[49] VACLAVIK L, CAJKA T, HRBEK V, et al. Ambient mass spectrometry employing direct analysis in real time (DART) ion source for olive oil quality and authenticity assessment[J]. Analytical Chemistry Acta. 2009, 10: 645(1-2): 56-63.

[50] NATHALIE H, SYLVAIN R, GEMAYEL R, er al. Validation of Direct

Analysis Real Time source/Time-of-Flight Mass Spectrometry for organophosphate quantitation on wafer surface[J]. Talanta. 2015,1(144):1163-1170.

[51] CURTIS M,MINIER M A,CHITRANSHI P,et al. Direct analysis in real time (DART) mass spectrometry of nucleotides and nucleosides: elucidation of a novel fragment $[C_5H_5O]^+$ and its in-source adducts[J]. Journal of the American Society for Mass Spectrometry,2010,21(8):1371-1381.

[52] 程显隆,李文杰,李卫健,等. DART-MS/MS法直接实时检测保健食品中非法添加的6个PDE5抑制剂的应用研究[J]. 药物分析杂志,2011,31(3):438-442.

[53] CHERNETSOVA E S,MORLOCK G E. Determination of drugs and drug-like compounds in different samples with direct analysis in real time mass spectrometry [J]. Mass Spectrometry Reviews,2011,30(5):875-883.

[54] 孙磊,胡晓茹,金红宇,等. 实时直接分析-串联质谱法快速分析乳香中多种乳香酸[J]. 中草药,2012,43(7):1320-1323.

[55] 祁婉舒,张立,郭寅龙. 实时直接分析质谱法快速鉴别天然驱蚊产品中的人工添加剂[J]. 有机化学,2012,33(2):359-364.

[56] CHASSET T,HÄBE T T,RISTIVOJEVIC P,et al. Profiling and classification of French propolis by combined multivariate data analysis of planar chromatograms and scanning direct analysis in real time mass spectra[J]. Journal of Chromatography A,2016(1465):197-204.

[57] 谢剑平. 烟草与烟气化学成分[M].北京:化学工业出版社,2011.

[58] 蒋健,杨君,黄芳芳,等. 闪蒸-气相色谱指纹图谱及系统聚类分析用于烟用香精香料的测定[J]. 色谱,2011,29(6):549-553.

[59] 汪秋安,王明锋,者为,等. 固相微萃取法测定卷烟主流烟气中的游离烟碱[J]. 湖南大学学报(自然科学版),2011,38(11):70-75.

[60] 罗崇光,莫启武,李杰明. 气相色谱/质谱法测定烟用香精和料液中的烟碱含量[J]. 烟草化学,2012,298(5):48-50.

[61] 谭芳,王海明,胡丽,等. 高效液相色谱法测定烟草中烟碱含量[J]. 宁夏农林科技,2012,53(10):146-147.

[62] 王尉,刘赟,王覃,等. 亲水作用色谱分离-高效液相色谱法测定烟草不同部位中烟碱的含量[J].理化检测:化学分册,2014,50(4):488-490.

[63] CUNDY K C,CROOKS P A. High-performance liquid chromatopphic method for the determination of N-methylated metabolites of nicotine[J]. CORESTA,1984:132.

[64] RALAPATI S. High performance capillary electrophoresis(HPCE) for the quantitative analysis of nicotine in ATF-regulated tobacco products: a regulatory proposal [J]. CORESTA,1998:24.

[65] 邓小华,陈冬林,周冀衡,等. 湖南烤烟烟碱含量空间分布特征及与香吃味的关

系[J]. 中国烟草科学,2009,30(5):34-40.

[66] 赵立红,方敦煌. 连续流动分析法测定烟草中水溶性糖、烟碱、氯离子的比较研究[J]. 光谱实验室,2007,24(2):224-230.

[67] AKOS K,NAGY L,NAGY T,et al. Detection of nicotine as an indicator of tobacco smoke by direct analysis in real time (DART) tandem mass spectrometry[J]. Atmospheric Environment,2015(100):74-77.

[68] TORRES S A. DART-MS Analysis of historic tobacco pipes to investigate the preservation of nicotine residues[J]. McNair Scholars Research Journal,2014(7):117-139.

[69] 国家烟草专卖局. 烟草及烟草制品试样的制备和水分测定烘箱法:YC/T31—1996[S]. 北京:中国标准出版社,1996.

[70] 国家烟草专卖局. 烟草及烟草制品总植物碱的测定连续流动(硫氰酸钾)法:YC/T 468—2021[S]. 北京:中国标准出版社,2021.

[71] 刘正聪,陆舍铭,桂永发,等. 色谱法分析烟草生物碱及其代谢物的研究进展[J]. 化工时刊,2009,23(2):44-49.

[72] 王瑞新. 烟草化学[M]. 北京:中国农业出版社,2003.

[73] 史宏志,张建勋. 烟草生物碱[M]. 北京:中国农业出版社,2004.

[74] 周冀衡,朱小平,王彦亭,等. 烟草生理与生物化学[M]. 合肥:中国科学技术大学出版社,1996.

[75] 林桂华,周冀衡. 打顶技术对烤烟产质量和生物碱组成的影响[J]. 中国烟草科学,2002(4):8-12.

[76] 肖守斌. 烤烟烟碱含量与评吸质量的关系[J]. 河南农业科学,2009(4):44-48.

[77] 史宏志,BUSH L P,WANG J,等. 我国不同类型烟叶烟碱向降烟碱转化研究[J]. 中国烟草科学,2001(4):6-8.

[78] ROBERTS D L. Natural tobacco flavor[J]. Recent Advanced Tobacco Science 1988(14):49-81.

[79] 简永兴,董道竹,杨磊,等. 种植海拔对烤烟生物碱组成的影响[J]. 烟草科技,2006(11):27-31.

[80] GORROD J W,WAHREN J,GORROD J W,et al. Biochemistry and Metabolism of Nicotine and Related alkaloids[M]. London:Chapman& Hall,1993:1-32.

[81] SAITOH F,NORMA M,KAWASHIMA N. The alkaloids contents of 60 Nicotiana species[J]. Phytochemistry,1985(24):477-480.

[82] JOHNSTONE R A W,PLIMMER J R. The chemical constituents of tobacco and tobacco smoke[J]. Chemical Reviews,1959,59(5):885-889.

[83] STEDMAN R M. The chemical composition of tobacco smoke and tobacco smoke[J]. Chemical Reviews,1968,68(1):53-58.

[84] SCHMELTZ I,HOFFMALUL D. Nitrogen-containing compounds in tobacco and tobacco smoke[J]. Chemical Reviews,1977,77(3):295-299.

[85] CAI J,LIU B,LIN P,et al. Fast analysis of nicotine related alkaloids in tobacco and cigarette smoke by megabore capillary gas chromatography[J]. Journal of Chromatography A,2003,1017:187-193.

[86] YANG S S,SMETENA I. Determination of tobacco alkaloids using solid phase microextraction and GC-NPD[J]. Chromatographia. 1998,47(7/8):443-448.

[87] YANG S S,SMETENA I,HUANG C B. Determination of tobacco alkaloids by gas chromatography with nitrogen-phosphoms detection[J]. Analytical and Bioanalytical Chemistry,2002,373(8):839-843.

[88] MU W,ASHLEY D L,WRATSON C H. Determination of nicotine and other minor alkaloids in international cigarettes by solid-phase exp action and gas chromatography/mass spectrometry[J]. Analytical Chemistry,2002,74: 4878-4884.

[89] DA GRACA LOURENCO M,MATOS A,OLIVEIA M C. Gas-liquid chromatographic determination of major tobacco alkaloids[J]. Journal of Chromatography A,2000,898(2):235-243.

[90] SEVERSON R F,MCDUFFIE K L,ARRENDALE R F,et al. Rapid method for the analysis of tobacco nicotine alkaloids[J]. Journal of Chromatography A,1981,211(1):111-121.

[91] 刘百战. 烟草和卷烟烟气中生物碱手性组成的多维气相色谱/质谱分析[D].合肥:中国科学技术大学,2009.

[92] 国家烟草专卖局.烟草及烟草制品 烟碱、降烟碱、新烟碱、麦斯明和假木贼碱的测定 气相色谱-质谱联用法:YC/T 383—2010[S]. 北京:中国标准出版社,2010.

第二章

基于表面增强拉曼光谱(SERS)技术的配制后香精品质检测技术应用

第一节 表面增强拉曼光谱的概念及运用构想

一、表面增强拉曼光谱的概念及优点

表面增强拉曼光谱(surface enhanced Roman spectrometry,SERS)是一种具有极高表面检测灵敏度和选择性的"指纹"振动光谱技术,能够提供样品化学组分和结构特征等丰富的谱学信息。这一新兴技术目前正被广泛应用于材料科学、生命科学、能源材料、物理和化学等各个领域的科学研究和生产实践。

作为日常研究常用的技术之一,表面增强拉曼光谱(SERS)不仅能够提供丰富的分子化学结构信息,还具有极高的检测灵敏度,甚至可以达到单分子的检测水平。

二、表面增强拉曼光谱对烟用香精香料的运用构想

通过利用表面增强拉曼光谱来对烟用香精香料进行质量控制,从而实现烟用香精香料在制品的表面增强拉曼光谱分析,建立烟用香精香料在制品表面增强拉曼光谱品质控制体系。该方法具有前处理简单、检测速度快等优点,适用于实际调配过程中对烟用香精香料进行快速质量控制。

第二节 表面增强拉曼光谱对烟用香精香料研究的技术路线和方法

一、核心内容和技术方法

本章介绍的技术是表面增强拉曼光谱技术结合主成分分析方法,该项技术具有前处理简单、检测速度快等优点。

本章的核心内容是适用于烟用香精香料在制品的表面增强拉曼检测基底的组装和制备、复杂烟用香精香料在制品的表面增强拉曼光谱差异性评价模型的建立等。

二、技术路线

本章主要内容包括烟用香精香料在制品表面增强拉曼光谱分析体系的建立、在制品表面增强拉曼光谱谱库的构建,以及在制品表面增强拉曼光谱品质检测技术的建立和应用等,具体见图 2-1。

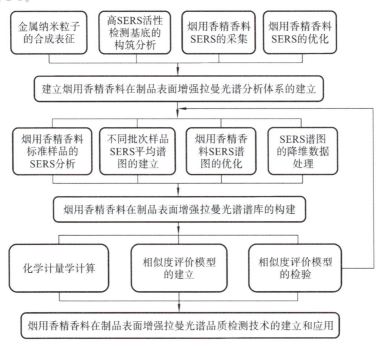

图 2-1 技术路线

三、使用的仪器和材料

使用的仪器和材料有共聚焦拉曼光谱仪、烟用香精香料、SERS增强芯片。

四、关键技术

关键技术为制备适用于烟用香精香料的SERS增强芯片,优化烟用香精香料的组装时间以及采集参数,建立烟用香精香料的表面增强拉曼光谱谱库。

五、具体研究内容

(一)烟用香精香料在制品表面增强拉曼光谱分析体系的建立

利用化学合成法合成不同大小和形状的金、银纳米粒子,以扫描和透射电镜表征形貌,以拉曼光谱表征其SERS活性,最终选择用柠檬酸钠还原法制备的直径55 nm的金属纳米粒子;然后用两相成膜的方法,构筑了高SERS活性的表面增强拉曼检测基底,并利用巯基吡啶探针分子测试了SERS基底的均匀性;最终选择了最合适的SERS增强基底,并且优化了激光波长、激光功率、曝光时间、聚焦距离等实验参数,从而获得高质量的香精香料在制品的拉曼光谱数据,进一步分析烟用香精香料的拉曼特征信号,同时采用荧光光谱等方法进行同步对比。

(二)烟用香精香料在制品表面增强拉曼光谱谱库的构建

采集56种相关烟用香精香料在制品的标准样品,研究香精香料样品的表面增强拉曼光谱信号;取不同种类合计652个不同批次香精香料在制品的平均光谱图,基于最小二乘算法-SG(Savitzky-Golay)滤波算法,有效去除信号噪声,采用差分算法消除拉曼光谱中的荧光背景,得到干扰小、信噪比佳的烟用香精香料在制品表面增强拉曼光谱;采用线性转换矩阵对数据进行投影和降维处理,寻找到信号中的特征并以此为依据区分不同的物质类型,构建能体现系统性、特征性、重现性的烟用香精香料在制品表面增强拉曼光谱谱库。

(三)烟用香精香料在制品表面增强拉曼光谱品质检测技术的建立和应用

基于构建的烟用香精香料在制品表面增强拉曼光谱谱库,结合化学计量学计算方法(主成分分析),构筑烟用香精香料表面增强拉曼光谱相似度评价模型,建立快速、灵敏、无损的烟用香精香料表面增强拉曼光谱质量控制体系;选择有代表性的多批合格样品及不合格样品,结合烟用香精香料物性参数(折光指数、相对密度、酸值、挥发分总量)、评吸评价等结果检验烟用香精香料在制品表面增强拉曼光谱品质检测技术。

（四）烟用香精香料在制品表面增强拉曼光谱品质检测技术的验证

选择有代表性的 12 个生产盲样、14 个掺兑样、4 个招投标异常样，结合烟用香精香料物性参数（折光指数、相对密度、酸值、挥发分总量）、感官评价等方法对配制后烟用香精香料表面增强拉曼光谱品质评价方法的可靠性与准确性进行验证；并利用 GC-MS 指纹图谱分析法对掺兑样和招投标异常样进行验证性判断。

第三节　表面增强拉曼光谱对烟用香精香料研究过程

一、检测方法初探

样品信息：本次样品共 7 个系列，其中，1#～4# 系列，每个系列有 9 个样品，包括 5 个标样（生产批号不同）和 4 个掺兑样（掺兑同一外加香，掺兑比例不同）；5# 系列包括 3 个标样（生产批号不同），具体见表 2-1、表 2-2。

1#：料液（香原料复配）。
2#：香精（溶剂：乙醇和水）。
3#：料液（香原料复配）。
4#：香精（溶剂：乙醇和水）。
5#：浸膏。
6#：标样和异常样。
7#：3 个复配样（复配样 1、复配样 2、复配样 3），分别由 4 种原料与 2 种溶剂按不同比例组成。

表 2-1　拉曼实验样品 1

序号	样品	1#　50 mL	2#　50 mL	3#　50 mL	4#　50 mL	5#浸膏 50 mL
1	生产批号	141226102	141226109	141227102	141226110	1409511
2	生产批号	140924102	140610111	140915102	140922109	1411502
3	生产批号	141016108	141016109	141014101	141015110	1402

续表

序号	样品	1# 50 mL	2# 50 mL	3# 50 mL	4# 50 mL	5#浸膏 50 mL
4	生产批号	141119102	141118105	141112102	141124105	—
5	生产批号	141124104	141124107	141212104	141215111	—
6	掺兑样	0.6%	0.6%	0.6%	0.6%	—
7	掺兑样	1.2%	1.2%	1.2%	1.2%	—
8	掺兑样	1.8%	1.8%	1.8%	1.8%	—
9	掺兑样	2.4%	2.4%	2.4%	2.4%	—

注：掺兑样以标红的那批生产样为基准添加。

表2-2 拉曼实验样品2

	原料 A	原料 B	原料 C	原料 D	溶剂(丙二醇)	溶剂(95%乙醇)
复配样 1	15%	20%	5%	20%	10%	30%
复配样 2	5%	20%	15%	10%	10%	40%
复配样 3	10%	15%	10%	15%	20%	30%

注：复配样1、复配样2、复配样3在后图中是 fu1、fu2、fu3。

(一)紫外-可见吸收光谱检测

1#样摇匀，离心，稀释至原始浓度的1/1000后测紫外-可见吸收光谱，如图2-2所示。

4#样稀释至原始浓度的1/1000后测紫外-可见吸收光谱，如图2-3所示。由于4#样紫外-可见吸收光谱差异不大，为增加实验差异性，以 4#1 标样为基准添加10%、20%、50%、80%作为掺兑样。

6#样摇匀，离心，稀释至原始浓度的1/1000后测紫外-可见吸收光谱，如图2-4所示。

7#复配样摇匀，离心，稀释至原始浓度的1/1000后测紫外-可见吸收光谱，如图2-5所示。

所有样品叠加在一起的效果图如图2-6所示。

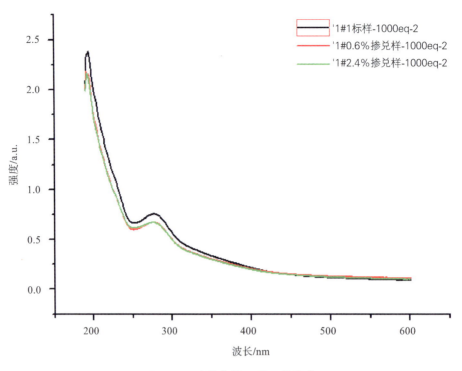

图 2-2 1#样紫外-可见吸收光谱

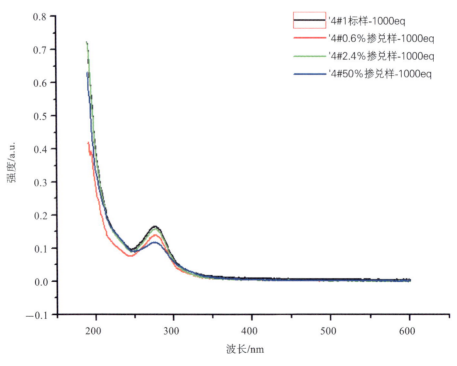

图 2-3 4#样紫外-可见吸收光谱

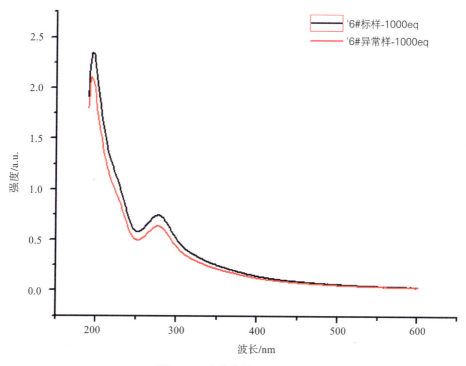

图 2-4　6#样紫外-可见吸收光谱

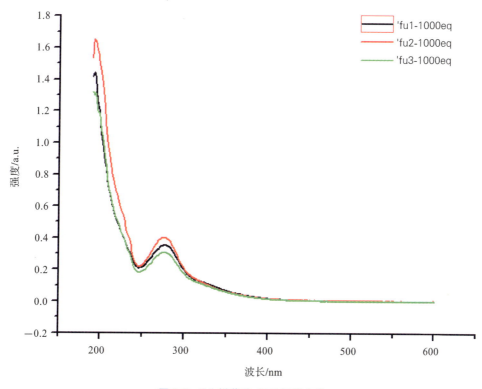

图 2-5　7#样紫外-可见吸收光谱

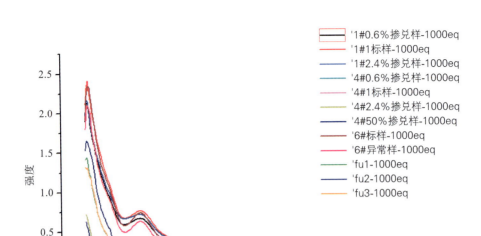

图 2-6 所有样品紫外-可见吸收光谱

小结：在紫外-可见吸收光谱的实验中，由于香精香料的浓度比较高，需要将样品稀释至原始浓度的 1/1000 来进行测试。该方法引入的实验误差比较大，不利于在实际生产中对烟用香精香料进行质量控制。

(二) 荧光光谱检测

首先对荧光光谱检测的重现性进行了实验，所有样品（包括稀释的样品）都经过三次平行测量（同一样品分成三个样），并且每个样品测三次，以尽可能减少人为因素带来的误差。实验证明，只要保证荧光检测每个面不变并且干净、干燥，每个样品的重现性都较好。

1. 重现性实验

(1) 4#1 标样平行测三次，结果见图 2-7。

(2) 4#1 标样同一个样品测三次，结果见图 2-8。

由上述实验可知，该方法的重现性较好，因此对所有的其他样品进行荧光实验。

2. 4#掺兑样

(1) 4#掺兑样在 375 nm 激发波长下，直接测得的发射光谱见图 2-9，样品与镜头的距离都为 5 mm。

其中，1.8% 在最上方，与 1.2% 重叠，且与 0.6% 接近。随着掺兑样的浓度增加，荧光强度依次减弱，canyang 是 2#和 4#的掺兑样。

(2) 4#掺兑样在 490 nm 发射波长下，直接测得的激发光谱见图 2-10，样品与镜头的距离都为 5 mm。

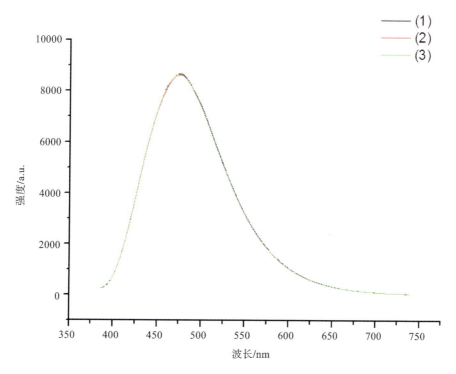

图 2-7　4＃1 标样平行测三次荧光光谱

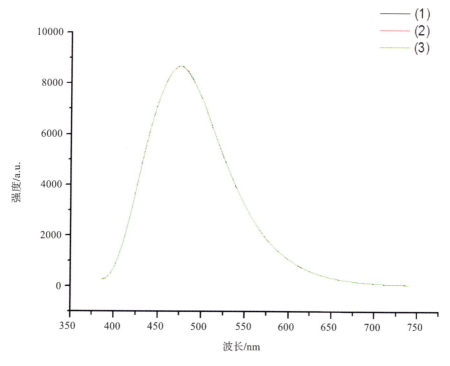

图 2-8　4＃1 标样同一个样品测三次荧光光谱

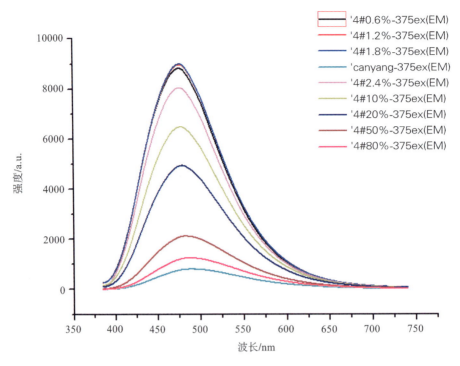

图 2-9　4#掺兑样 375 nm 发射光谱

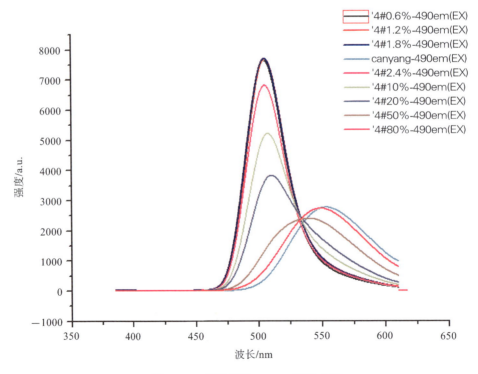

图 2-10　4#掺兑样 490 nm 激发光谱

随着掺兑样浓度的增加,谱图发生明显的红移,其中 canyang 是 2♯和 4♯的掺兑样。

3. 4♯标样

(1)4♯标样在 375 nm 激发波长下,直接测得的发射光谱见图 2-11,样品与镜头的距离都为 5 mm。

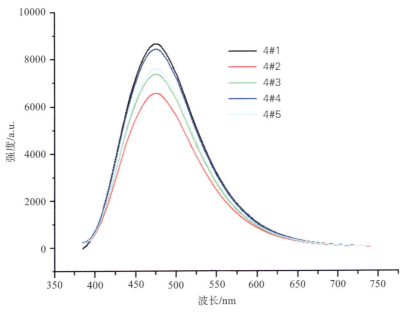

图 2-11　4♯标样 375 nm 发射光谱

(2)4♯标样在 490 nm 发射波长下,直接测得的激发光谱见图 2-12,样品与镜头的距离都为 5 mm。

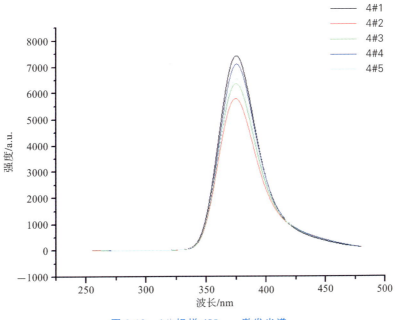

图 2-12　4♯标样 490 nm 激发光谱

根据工作曲线图找出4♯样5个标样的浓度分别如下。

4♯1:1.267%。

4♯2:11.361%。

4♯3:7.355%。

4♯4:2.276%。

4♯5:6.618%。

5个标样的浓度应该是一样或者相差不大的,但是从结果看来,标样1和标样2的浓度相差10%,由此可以看出,荧光光谱法不适用于香精香料的检测。

4. 4♯掺兑样稀释样

将4♯掺兑样稀释至原有浓度的1/10,样品与镜头的距离为5 mm,以350 nm激发波长测得的发射光谱见图2-13。

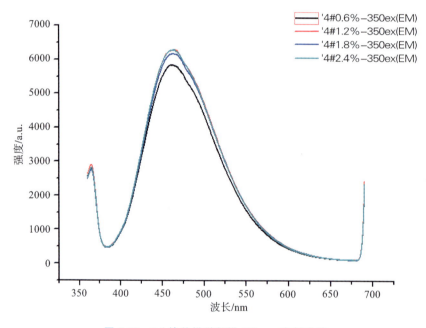

图2-13　4♯掺兑样稀释样350 nm发射光谱

可见,浓度稀释会带来误差并且效果没有未稀释的好。

5. 2♯掺兑样

所有样品,未离心取上清液1 mL,稀释至30 mL。

(1)2♯掺兑样在462 nm的激发波长下测得的发射光谱见图2-14(样品与镜头的距离为5 mm),从上到下依次是1.8%、2.4%、1.2%、0.6%。

(2)2♯掺兑样在560 nm的发射波长下测得的激发光谱见图2-15(样品与镜头的距离为5 mm),从上到下依次是1.8%、2.4%、1.2%、0.6%,其中0.6%和1.2%几乎重叠,1.8%和2.4%几乎重叠。

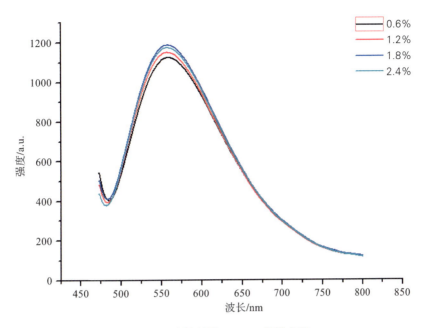

图 2-14　2#掺兑样 462 nm 发射光谱

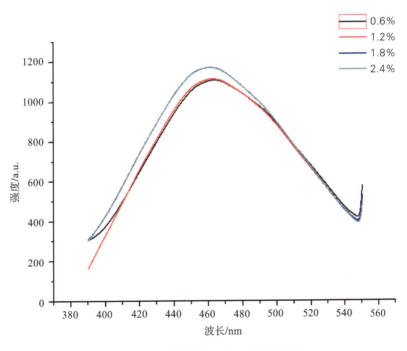

图 2-15　2#掺兑样 560 nm 激发光谱

6. 2#标样

所有样品,未离心取上清液 1 mL,稀释至 30 mL。

(1)2#标样在462 nm的激发波长下测得的发射光谱见图2-16(样品与镜头的距离为5 mm),从上到下依次是2#5、2#3、2#4、2#2、2#1。

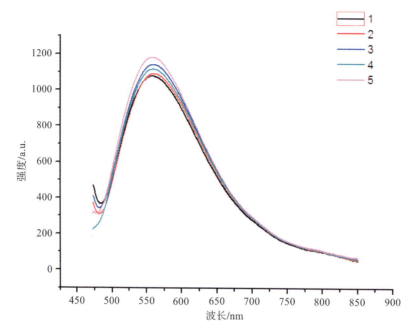

图2-16 2#标样462 nm发射光谱

(2)2#标样在560 nm的发射波长下测得的激发光谱见图2-17(样品与镜头的距离为5 nm),从上到下依次是2#5、2#3、2#4、2#2、2#1。

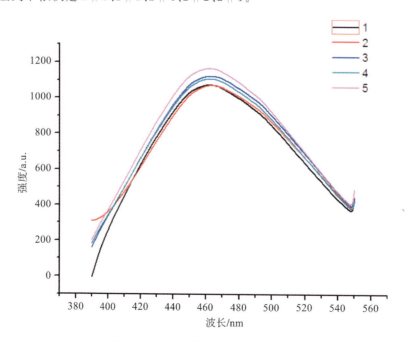

图2-17 2#标样560 nm激发光谱

因此,5个标样之间有10%的差别。

7. 2#所有样品

摇匀,离心(10000 r/min)5 min,取上清液稀释至原有浓度的1/30。

(1)2#掺兑样,以462 nm为激发波长测得的发射光谱见图2-18,样品与镜头的距离为5 mm。

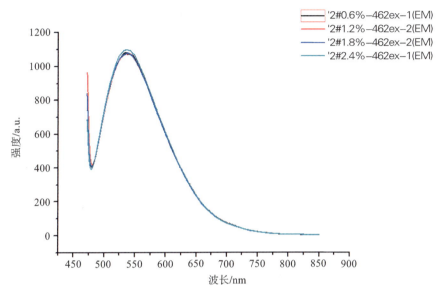

图2-18 2#掺兑样离心上清液462 nm发射光谱

(2)2#标样,以462 nm为激发波长测得的发射光谱见图2-19,样品与镜头的距离为5 mm。

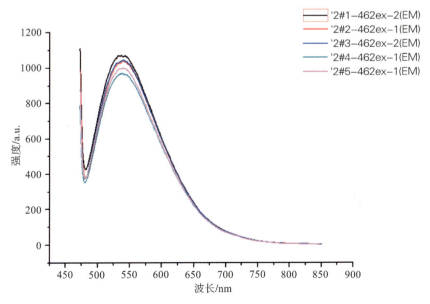

图2-19 2#标样离心上清液462 nm发射光谱

因此,即使离心后测试,样品之间也有 10%～20% 的差别。

8. 1# 所有样品

摇匀,离心(10000 r/min)10 min,取上清液稀释至原有浓度的 1/200。

(1)1# 掺兑样,以 420 nm 为激发波长测得的发射光谱见图 2-20,样品与镜头的距离为 5 mm。

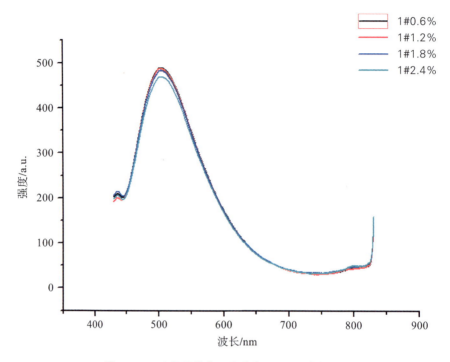

图 2-20　1# 掺兑样离心上清液 420 nm 发射光谱

(2)1# 标样,以 420 nm 为激发波长测得的发射光谱见图 2-21,样品与镜头的距离为 5 mm。

因此,5 个 1# 标样之间仅有 5%～10% 的差别,差异性没有 2# 和 4# 样品大。

(3)1# 0.6% 和 2.4% 的掺兑样,离心取上清液,稀释至原有浓度的 1/100,以 420 nm 为激发波长测得的发射光谱见图 2-22,样品与镜头的距离为 5 mm。

此处的荧光峰并不是掺兑样发出的,而是 1# 样自身另外物质发出的。

9. 3# 所有样品

摇匀,离心取上清液,稀释至原有浓度的 1/100。

(1)3# 掺兑样,以 425 nm 为激发波长测得的发射光谱见图 2-23,样品与镜头的距离为 5 mm。

(2)3# 标样,以 425 nm 为激发波长测得的发射光谱见图 2-24,样品与镜头的距离为 5 mm。

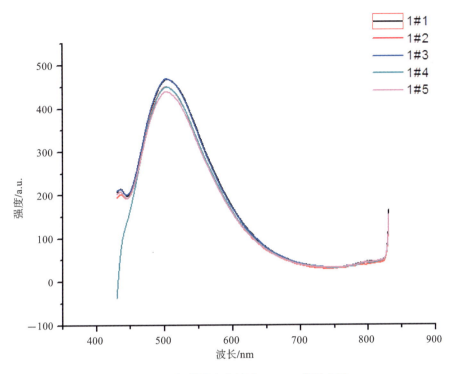

图 2-21 1#标样离心上清液 420 nm 发射光谱

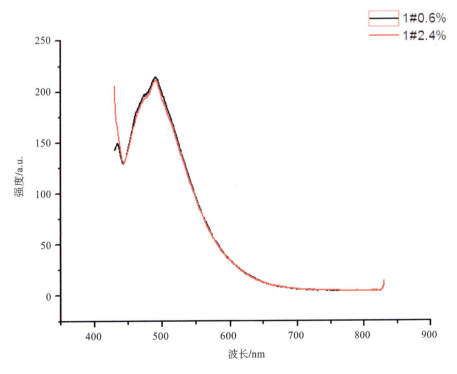

图 2-22 1#0.6%、2.4%的掺兑样离心上清液 420 nm 发射光谱

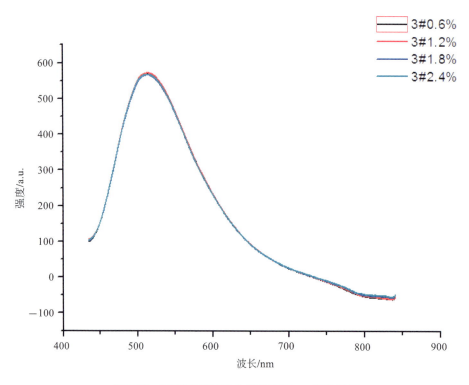

图 2-23　3#掺兑样离心上清液 425 nm 发射光谱

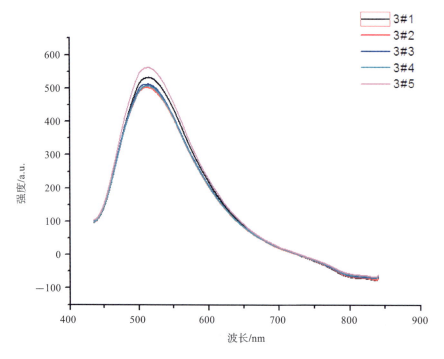

图 2-24　3#标样离心上清液 425 nm 发射光谱

与 1♯样类似,荧光不是由掺兑样发出的,而是由 3♯样自身发出的;5 个标样之间的差别仅有 10%。

10. 6♯标样和异常样

取上清液,用乙醇∶DMSO∶丙二醇＝1∶1∶1 的溶液稀释至原有浓度的 1/10,离心(10000 r/min)5 min,取上清液过厚 0.22 μm 的有机膜,再稀释至原有浓度的 1/10,以 402 nm 为激发波长直接测得的发射光谱见图 2-25,以 500 nm 为发射波长直接测得的激发光谱见图 2-26,样品与镜头的距离为 5 mm。

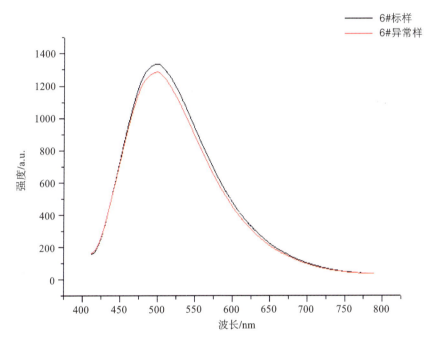

图 2-25　6♯标样和异常样离心上清液 402 nm 发射光谱

以上操作可以鉴别出标样和异常样的差异。为了简化操作,接下来我们尝试直接用水稀释进行测试。

11. 原料

①原料 A、B、C、D 直接测得的激发光谱见图 2-27。

②原料 A、B、C、D 直接测得的发射光谱见图 2-28。

12. 复配样

(1)复配样未稀释直接摇匀离心,在 575 nm 的激发波长下测得的发射光谱见图 2-29,样品与镜头的距离为 5 mm。

(2)复配样原样直接摇匀离心,取上清液稀释至原有浓度的 1/1000,在 575 nm 的激发波长下测得的发射光谱见图 2-30,样品与镜头的距离为 5 mm。

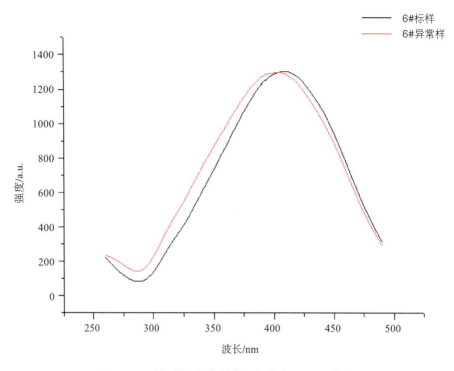

图 2-26　6#标样和异常样离心上清液 500 nm 激发光谱

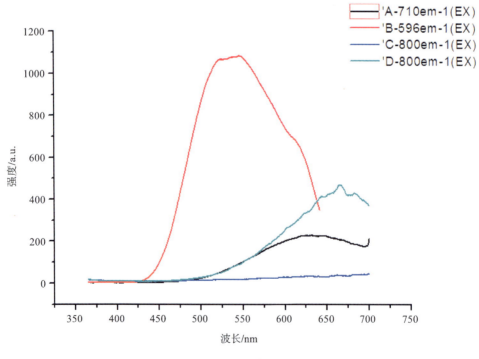

图 2-27　激发光谱

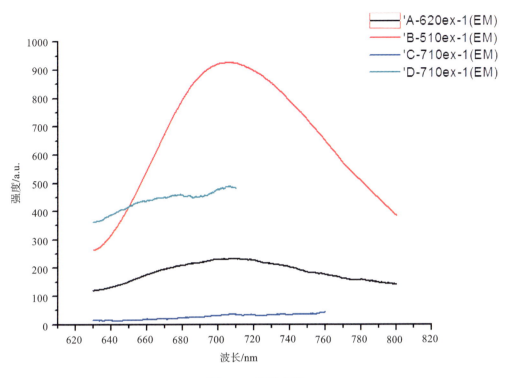

图 2-28 发射光谱

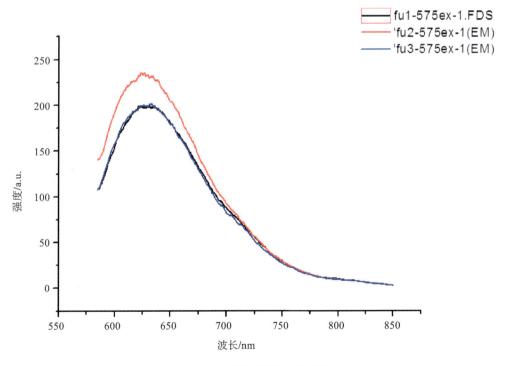

图 2-29 复配样原样发射光谱

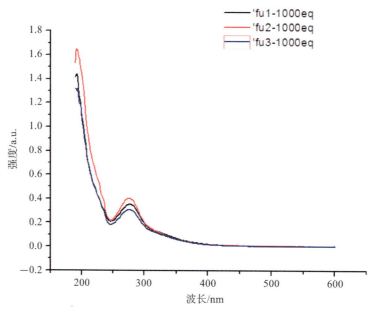

图 2-30　复配样稀释样发射光谱

未稀释能鉴别出复配样 2♯，稀释至原有浓度 1/1000 能鉴别出复配样 1♯、2♯ 和 3♯。将复配样用激发光 510 nm 进行激发：直接取上清液测量，得到图 2-31；摇匀后离心（10000 r/min）10 min，取上清液测量，得到图 2-32。

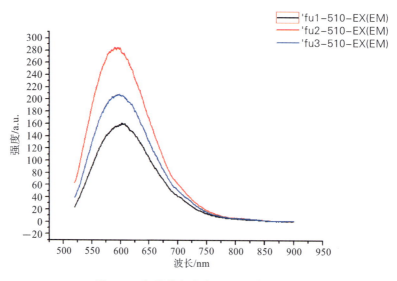

图 2-31　复配样上清液 510 nm 发射光谱

因此，直接使用上清液，用 510 nm 激发光可直接鉴别出复配样 1♯、2♯ 和 3♯。

小结：由于烟用香精香料浓度过高，在使用荧光光谱法进行检测时需要先对样品进行稀释，操作比较烦琐，人为引入的误差也比较大，所以荧光光谱法并不适用于烟用香精香料的质量控制。

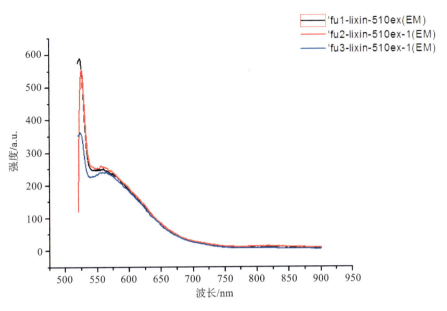

图 2-32 发射光谱

（三）红外光谱检测

分别选择了 1#和 3#香料的不同掺兑样来进行红外光谱的实验，得到的红外光谱见图 2-33。

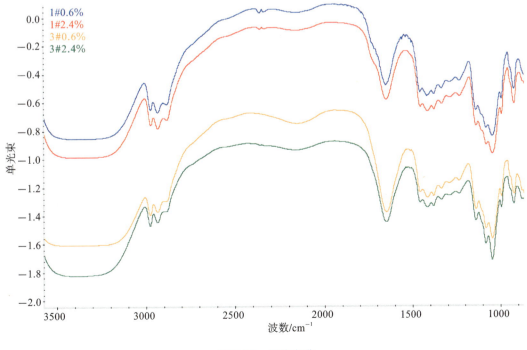

图 2-33 红外光谱

从图中可以看到,无论是不同的香料还是同一个香料的不同浓度掺兑样,在红外光谱图中都看不出区别,峰值类似,因此红外光谱图也不适用于烟用香精香料的质量控制。

(四)拉曼光谱检测

首先选择了3#样的标样进行直接液体拉曼的测试,结果见图2-34(测试条件:Xplora,532 nm,100%,10 s)。

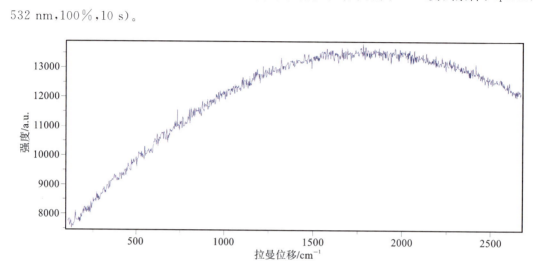

图2-34 3#标样532 nm拉曼光谱

用532 nm激光直接检测香料液体,无法得到清晰的检测结果,因此我们换用638 nm激光再次进行实验,结果如图2-35所示(测试条件:Xplora,638 nm,100%,10 s)。

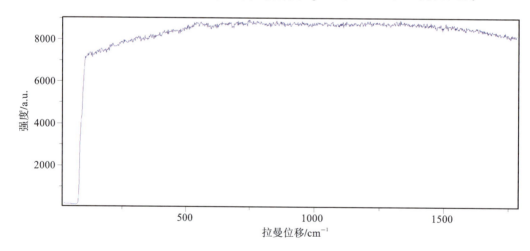

图2-35 3#标样638 nm拉曼光谱

用638 nm激光的检测结果也不理想,因此我们又使用了785 nm激光来进行尝试,结果见图2-36(测试条件:Xplora,785 nm,100%,1 s)。

用785 nm激光直接检测香料液体也无法得到检测结果。因此,以上激光都不能直接

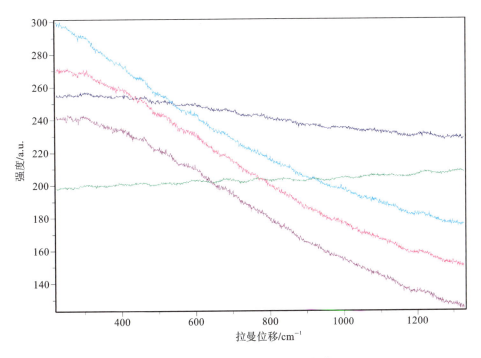

图 2-36　3♯标样 785 nm 拉曼光谱

用于检测。此外,我们还尝试用紫外拉曼进行检测,结果见图 2-37(测试条件:325 nm,100%(25 mW),1800 T,200 s)。

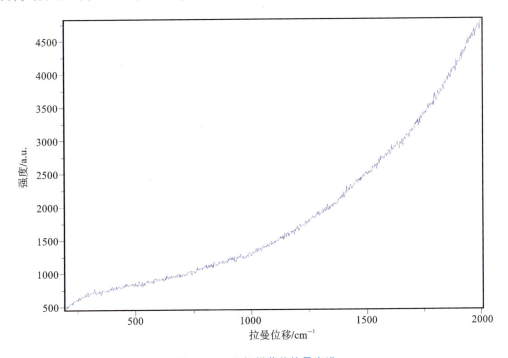

图 2-37　3♯标样紫外拉曼光谱

结果还是一样,都是荧光,没有拉曼峰。

小结:直接使用拉曼光谱对香料样品进行检测的效果并不理想。由于荧光的存在,拉曼光谱不能用于烟用香精香料的质量控制。

(五)表面增强拉曼光谱检测

首先选择 638 nm 激光作为激发光,将 1♯样的不同掺兑样组装在滴好 55 nm 的金属纳米粒子的金片上,然后进行拉曼检测,得到图 2-38(测试条件:638 nm,10%,1200 T,10 s)。

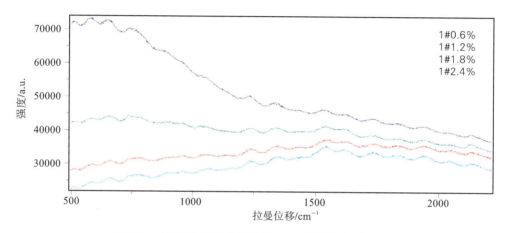

图 2-38　1♯样的不同掺兑样 638 nm 表面增强拉曼光谱

由图 2-38 可知,638 nm 条件下检测的 1♯样不同掺兑样表面增强拉曼光谱无特征峰,无法对不同样品进行区分,因此 638 nm 激光不适合作为激发光来进行表面增强拉曼光谱的烟用香精香料的质量控制。

将滴好 55 nm 的金属纳米粒子的金片分别置于 1♯样的不同掺兑样中,组装 5～10 min,再用超纯水浸泡以除去物理吸附,风干,用 785 nm 激光作为激发光来进行拉曼检测,得到图 2-39(测试条件:785 nm,10%,1200 T,10 s)。

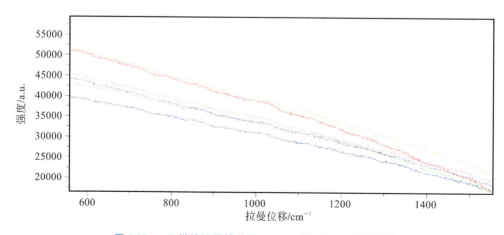

图 2-39　1♯样的不同掺兑样 785 nm 表面增强拉曼光谱

由图2-39可知,并没有拉曼信号,但是也没有荧光包,这很可能是因为组装的时间太短,因此下面尝试延长香料的组装时间。

将滴好55 nm的金属纳米粒子的金片分别置于1♯、2♯、3♯、4♯、5♯、6♯标样,1♯和3♯掺兑样,2♯和4♯掺兑样烟油中,组装1～2 h,再用超纯水浸泡以除去物理吸附,风干,用785 nm激光作为激发光来进行拉曼检测,得到图2-40(测试条件:785 nm,10%,1200 T,10 s)。

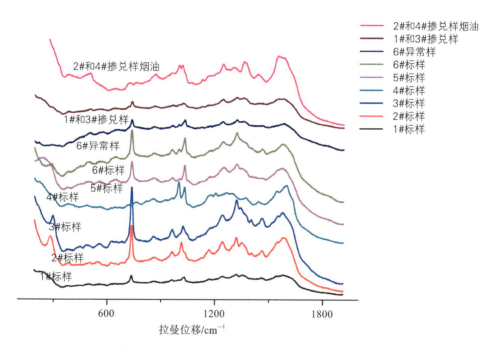

图2-40　组装1～2 h不同样785 nm表面增强拉曼光谱

由图2-40可知,不同的物质有不同的拉曼特征峰,因此可以根据拉曼特征光谱来对不同的物质进行分辨。

将滴好55 nm的金属纳米粒子的金片分别置于复配样1、复配样2、复配样3、原料A、原料B、原料C、原料D烟油中,再用超纯水浸泡以除去物理吸附,风干,得到图2-41(测试条件:785 nm,10%,1200 T,10 s)。

尽管复配样和原料是不同的物质,具有不同的拉曼特征峰,但是当它们混合之后,其特征峰就相似了,直接用肉眼分辨会有些困难,因此选择结合PCA的方法来进行分析。

将获得的拉曼数据用MATLAB软件处理后,再进行主成分分析得到的结果如图2-42所示,利用相似度区分不同样品。

小结:从图2-42中可以看到,结合表面增强拉曼光谱和主成分分析可以区分大部分样品。因此,我们选择该方法进行进一步的实验和探索。

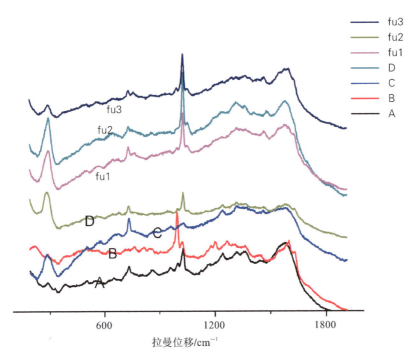

图 2-41　复配样及原料 785 nm 表面增强拉曼光谱

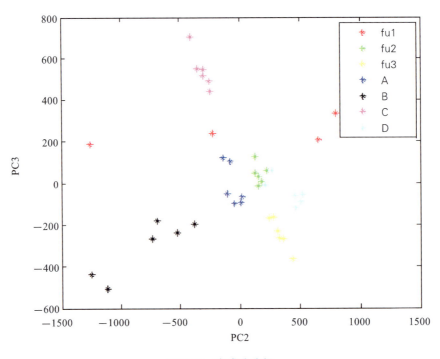

图 2-42　主成分分析

二、表面增强拉曼光谱检测方法的初步建立

对 14 个复配样（包括 1 个错误样）、2 个存储样和 6 个招投标样进行表面增强拉曼光谱的检测。样品信息如表 2-3 所示。

表 2-3 样品信息

序号	样品	原料 A	原料 B	原料 C	原料 D	溶剂（丙二醇）	溶剂（95% 乙醇）
1	复配样 1	15.0%	20.0%	5.0%	20.0%	10.0%	30.0%
2	复配样 1-1	14.0%	20.0%	5.0%	20.0%	10.0%	31.0%
3	复配样 1-2	14.5%	20.0%	5.0%	20.0%	10.0%	30.5%
4	复配样 1-3	15.5%	20.0%	5.0%	20.0%	10.0%	29.5%
5	复配样 1-4	16.0%	20.0%	5.0%	20.0%	10.0%	29.0%
6	复配样 1-5	15.0%	20.0%	5.0%	19.0%	10.0%	31.0%
7	复配样 1-6	15.0%	20.0%	5.0%	19.5%	10.0%	30.5%
8	复配样 1-7	15.0%	20.0%	5.0%	20.5%	10.0%	29.5%
9	复配样 1-8	15.0%	20.0%	5.0%	21.0%	10.0%	29.0%
10	复配样 1-9	14.0%	20.0%	5.0%	21.0%	10.0%	30.0%
11	复配样 1-10	14.5%	20.0%	5.0%	20.5%	10.0%	30.0%
12	复配样 1-11	15.5%	20.0%	5.0%	19.5%	10.0%	30.0%
13	复配样 1-12	16.0%	20.0%	5.0%	19.0%	10.0%	30.0%
14	错误样 1（原料 C 加错）	15.0%	20.0%	5%（原料替代）	20.0%	10.0%	30.0%
15	存储样 1，前一个月每隔一周检测一次，后 5 个月每隔一月检测一次，总共测定 6 个月						
16	存储样 2，前一个月每隔一周检测一次，后 5 个月每个一月检测一次，总共测定 6 个月						

续表

序号	样品	原料 A	原料 B	原料 C	原料 D	溶剂（丙二醇）	溶剂（95％乙醇）
17	招投标标样 A						
18	招投标异常样 A1						
19	招投标异常样 A2						
20	招投标标样 B						
21	招投标异常样 B1						
22	招投标异常样 B2						

实验目的：用表面增强拉曼光谱结合主成分分析（PCA）方法来对实际生产中的烟用香精香料进行质量控制。

实验仪器：XploRA。

实验条件：785 nm，1.6 mW，1200 T，10 s，累计采谱 3 次，每个样品采谱 10～20 张。

实验步骤：先将香精料液用相同的方法混合摇匀后，将组装好 55 nm 的金属纳米粒子的金片置于香料中，1～2 h 后取出，再置于超纯水中 1～2 min 除去表面物理吸附，重复 2～3 次，干燥，然后进行拉曼检测。

（一）复配样 SERS 实验结果

1. 复配样 1 和复配样 1-1

原始拉曼光谱取平均值（复配样 1（蓝，下），复配样 1-1（绿，上）），见图 2-43。

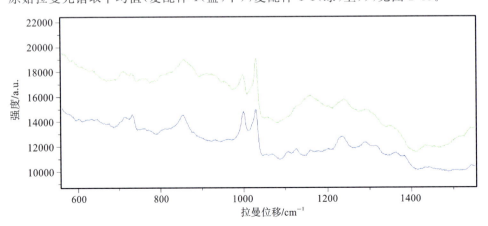

图 2-43　复配样 1 和复配样 1-1 拉曼光谱

用 PCA 数据处理方法处理后得到图 2-44(复配样 1(左),复配样 1-1(右))。

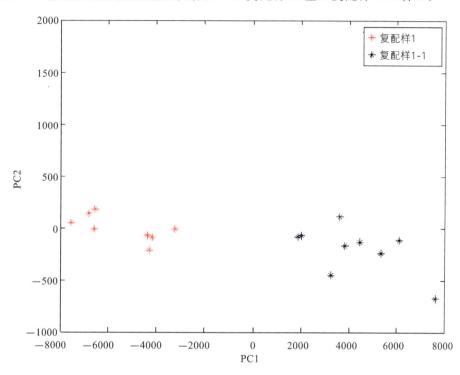

图 2-44　复配样 1 和复配样 1-1 主成分分析图

2. 复配样 1 和复配样 1-2

原始拉曼光谱取平均值(复配样 1(蓝,下),复配样 1-2(绿,上)),见图 2-45。

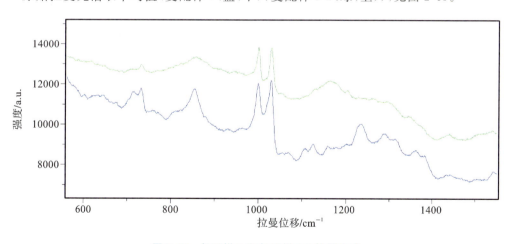

图 2-45　复配样 1 和复配样 1-2 拉曼光谱

通过相同的数据处理方法得到图 2-46(复配样 1(右上),复配样 1-2(下))。

3. 复配样 1 和复配样 1-3

原始拉曼光谱取平均值(复配样 1(蓝,下),复配样 1-3(绿,上)),见图 2-47。

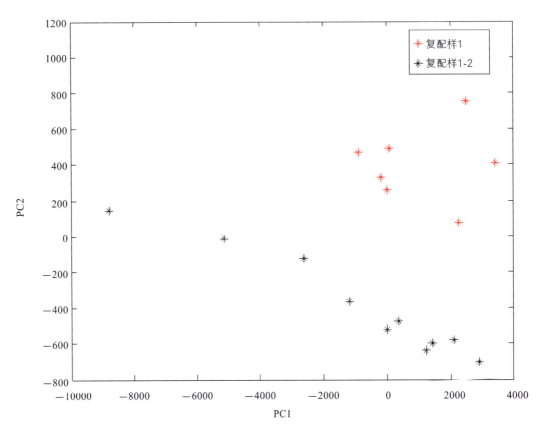

图 2-46　复配样 1 和复配样 1-2 主成分分析图

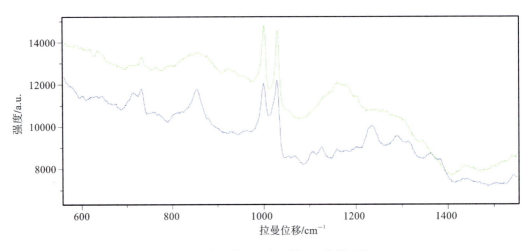

图 2-47　复配样 1 和复配样 1-3 拉曼光谱

通过相同的数据处理方法得到图 2-48(复配样 1(左上),复配样 1-3(下))。

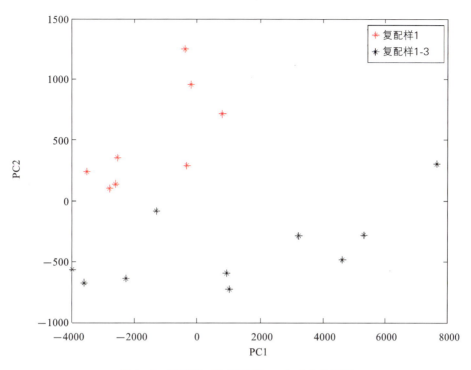

图 2-48　复配样 1 和复配样 1-3 主成分分析图

4. 复配样 1 和复配样 1-4

原始拉曼光谱取平均值(复配样 1(蓝,下),复配样 1-4(绿,上)),见图 2-49。

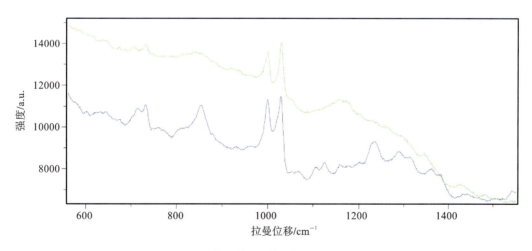

图 2-49　复配样 1 和复配样 1-4 拉曼光谱

通过相同的数据处理方法得到图 2-50(复配样 1(左下),复配样 1-4(上))。

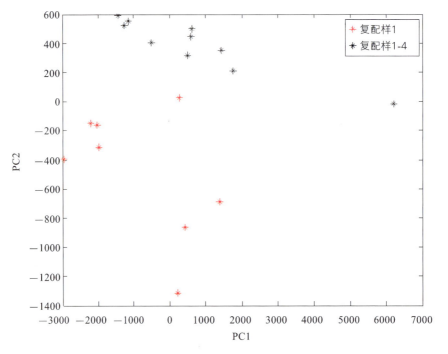

图 2-50　复配样 1 和复配样 1-4 主成分分析图

5. 复配样 1 和复配样 1-5

原始拉曼光谱取平均值(复配样 1(蓝,下),复配样 1-5(绿,上)),见图 2-51。

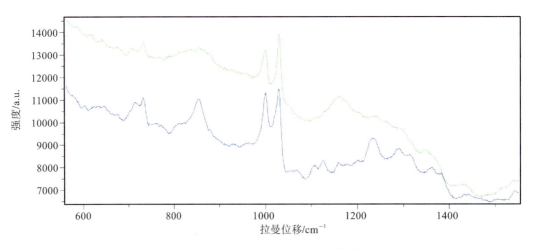

图 2-51　复配样 1 和复配样 1-5 拉曼谱图

通过相同的数据处理方法得到图 2-52(复配样 1(左下),复配样 1-5(右上))。

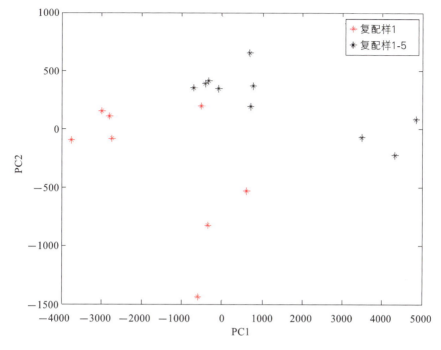

图 2-52　复配样 1 和复配样 1-5 主成分分析图

6. 复配样 1 和复配样 1-6

原始拉曼光清取平均值(复配样 1(蓝,下),复配样 1-6(绿,上)),见图 2-53。

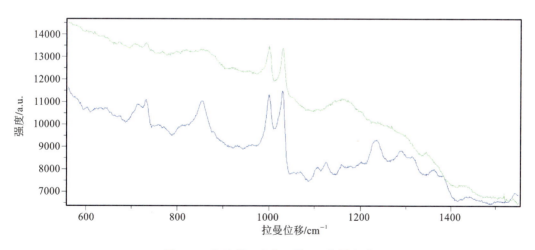

图 2-53　复配样 1 和复配样 1-6 拉曼光谱

通过相同的数据处理方法得到图 2-54(复配样 1(下),复配样 1-6(上))。

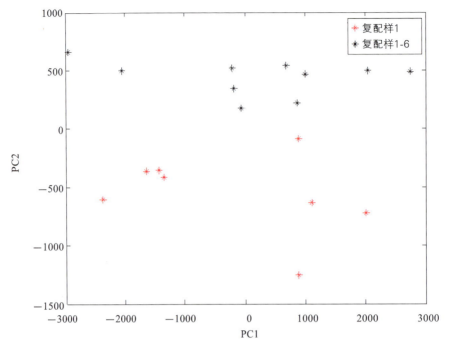

图 2-54 复配样 1 和复配样 1-6 主成分分析图

7. 复配样 1 和复配样 1-7

原始拉曼光谱取平均值（复配样 1（蓝，下），复配样 1-7（绿，上）），见图 2-55。

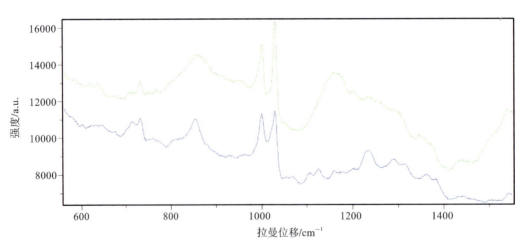

图 2-55 复配样 1 和复配样 1-7 拉曼光谱

通过相同的数据处理方法得到图 2-56（复配样 1（左），复配样 1-7（右））。

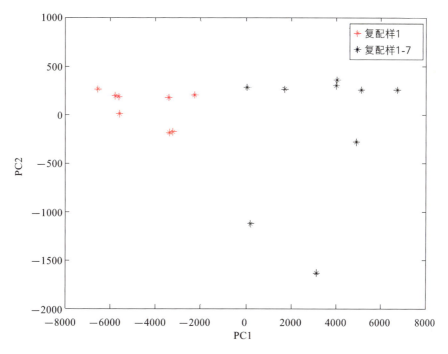

图 2-56　复配样 1 和复配样 1-7 主成分分析图

8. 复配样 1 和复配样 1-8

原始拉曼光谱取平均值(复配样 1(蓝,下),复配样 1-8(绿,上)),见图 2-57。

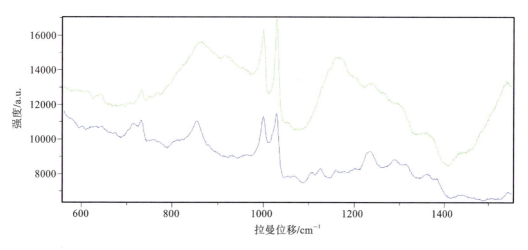

图 2-57　复配样 1 和复配样 1-8 拉曼光谱

通过相同的数据处理方法得到图 2-58(复配样 1(左),复配样 1-8(右))。

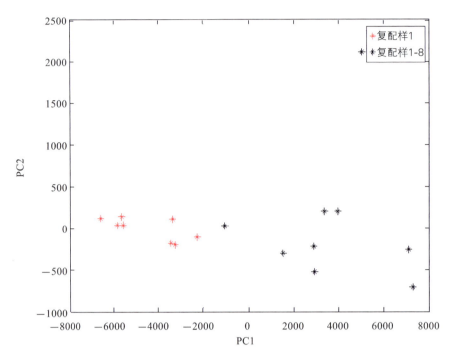

图 2-58 复配样 1 和复配样 1-8 主成分分析图

9. 复配样 1 和复配样 1-9

原始拉曼光谱取平均值（复配样 1（蓝，下），复配样 1-9（绿，上）），见图 2-59。

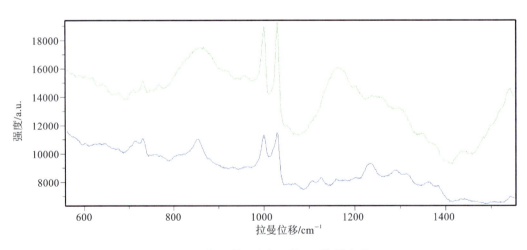

图 2-59 复配样 1 和复配样 1-9 拉曼光谱

通过相同的数据处理方法得到图 2-60（复配样 1（左），复配样 1-9（右））。

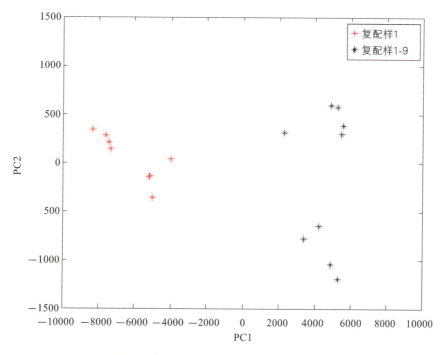

图 2-60　复配样 1 和复配样 1-9 主成分分析图

10. 复配样 1 和复配样 1-10

原始拉曼光谱取平均值（复配样 1（蓝，下），复配样 1-10（绿，上）），见图 2-61。

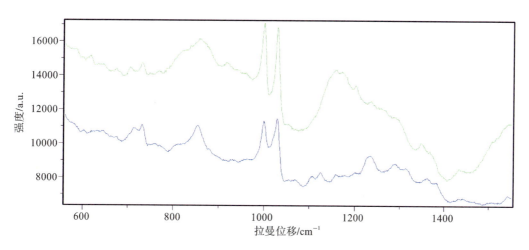

图 2-61　复配样 1 和复配样 1-10 拉曼光谱

通过相同的数据处理方法得到图 2-62（复配样 1（左），复配样 1-10（右））。

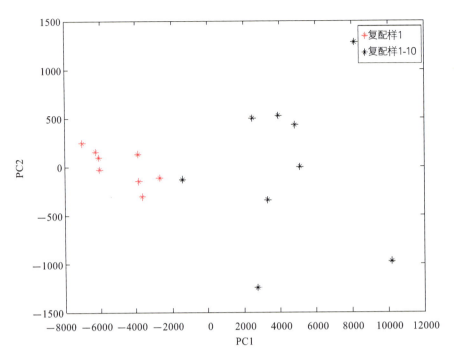

图 2-62　复配样 1 和复配样 1-10 主成分分析图

11. 复配样 1 和复配样 1-11

原始拉曼光谱取平均值(复配样 1(蓝,下),复配样 1-11(绿,上)),见图 2-63。

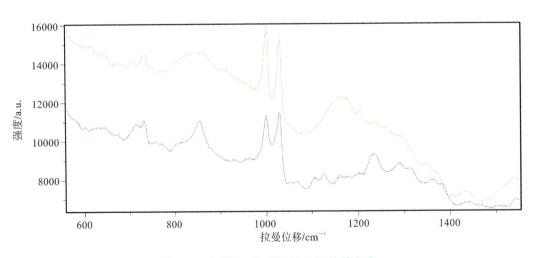

图 2-63　复配样 1 和复配样 1-11 拉曼光谱

通过相同的数据处理方法得到图 2-64(复配样 1(左),复配样 1-11(右))。

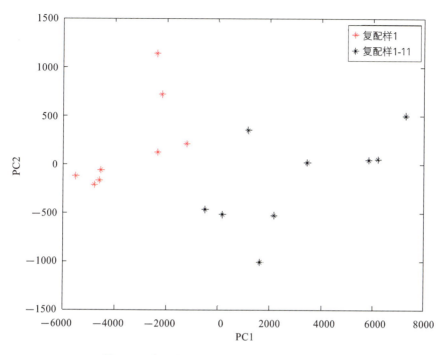

图 2-64　复配样 1 和复配样 1-11 主成分分析图

12. 复配样 1 和复配样 1-12

原始拉曼光谱取平均值(复配样 1(蓝,下),复配样 1-12(绿,上)),见图 2-65。

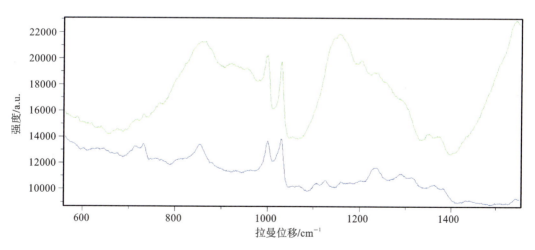

图 2-65　复配样 1 和复配样 1-12 拉曼光谱

通过相同的数据处理方法得到图 2-66(复配样 1(左),复配样 1-12(右))。

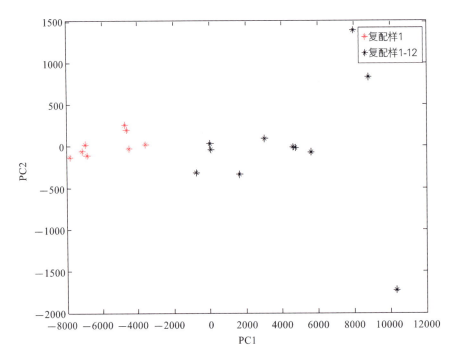

图 2-66　复配样 1 和复配样 1-12 主成分分析图

13. 复配样 1 和错误样 1

原始拉曼光谱取平均值(复配样 1(蓝,下),错误样 1(绿,上)),见图 2-67。

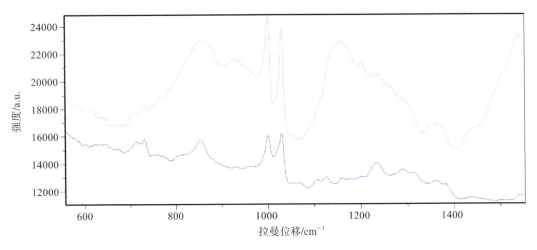

图 2-67　复配样 1 和错误样 1 拉曼光谱

通过相同的数据处理方法得到图 2-68(复配样 1(左),错误样 1(右))。

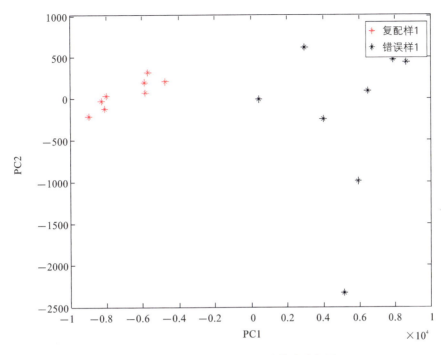

图 2-68　复配样 1 和错误样 1 主成分分析图

(二)招投标样 SERS 实验结果

1. 第一组样品

(1)标样 A 和异常样 A1。

标样 A 和异常样 A1 拉曼光谱见图 2-69(标样 A(蓝,下),异常样 A1(绿,上))。

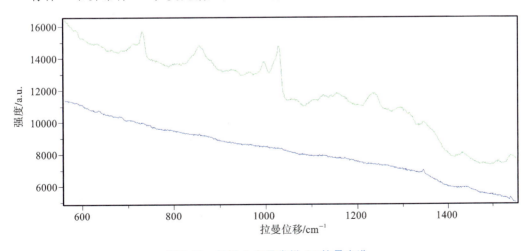

图 2-69　标样 A 和异常样 A1 拉曼光谱

通过相同的数据处理方法得到图 2-70(标样 A(左上),异常样 A1(右下))。

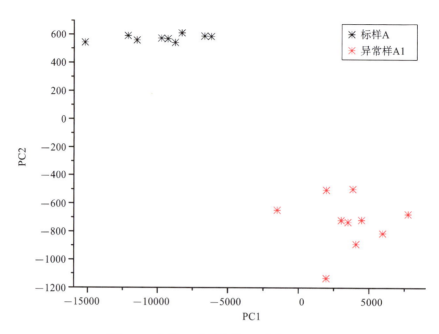

图 2-70 标样 A 和异常样 A1 主成分分析图

(2)标样 A 和异常样 A2。

标样 A 和异常样 A2 拉曼光谱见图 2-71(标样 A(蓝,下),异常样 A2(绿,上))。

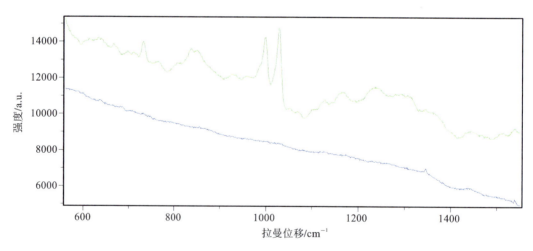

图 2-71 标样 A 和异常样 A2 拉曼光谱

通过相同的数据处理方法得到图 2-72(标样 A(左上),异常样 A2(下))。

2. 第二组样品

(1)标样 B 和异常样 B1。

标样 B 和异常样 B1 拉曼光谱见图 2-73(标样 B(蓝,下),异常样 B1(绿,上))。

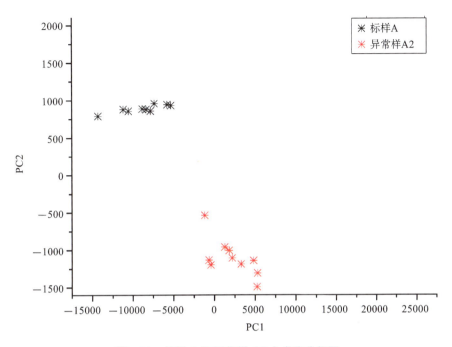

图 2-72　标样 A 和异常样 A2 主成分分析图

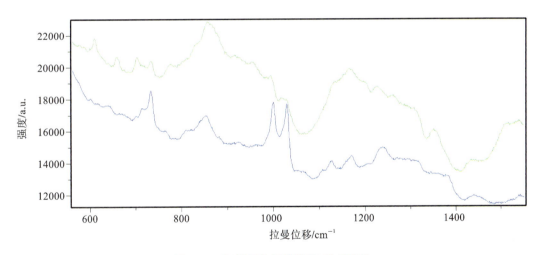

图 2-73　标样 B 和异常样 B1 拉曼光谱

通过相同的数据处理方法得到图 2-74(标样 B(左),异常样 B1 (右))。

(2)标样 B 和异常样 B2。

标样 B 和异常样 B2 拉曼光谱见图 2-75(标样 B(蓝,下),异常样 B2（绿,上))。

通过相同的数据处理方法得到图 2-76(标样 B(左上),异常样 B2（右下))。

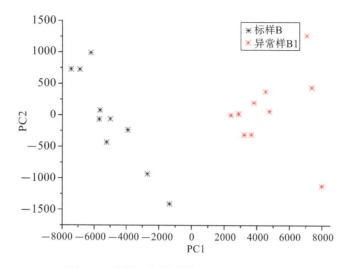

图 2-74　标样 B 和异常样 B1 主成分分析图

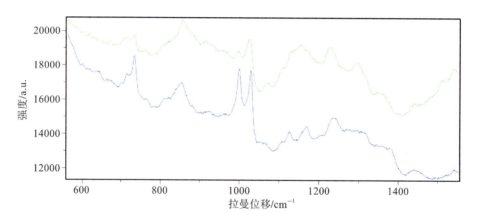

图 2-75　标样 B 和异常样 B2 拉曼光谱

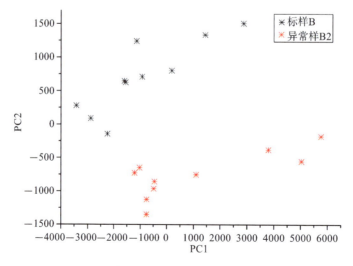

图 2-76　标样 B 和异常样 B2 主成分分析图

结论：通过主成分分析图可以清楚看到，标样和异常样能够非常明显地区分出来。而复配样和标样在图中也可以看到区别，只是没有异常样和标样之间的差别那么明显。

三、香料表面增强拉曼光谱谱库的建立

所有样品总计 652 份，分 56 类，各类的统计数量见表 2-4。另有 5 份标段样品、12 份盲样、14 份掺兑样。

表 2-4　各类样品统计表

序号	名称	批次数	序号	名称	批次数
1	X5 香	30	18	10 料	17
2	G14 料	29	19	11 香	17
3	X4 香	30	20	12 香	12
4	L1 料	26	21	13 香	13
5	X3 料	30	22	14 料	16
6	X2 香	27	23	15 料	8
7	X1 香	30	24	16 香	11
8	1 料	26	25	17 料	10
9	2 料	30	26	18 香	8
10	3 料	30	27	19 料	13
11	4 料	28	28	20 香	8
12	5 料	30	29	21 香	5
13	6 料	24	30	22 料	5
14	7 香	20	31	23 料	5
15	8 香	21	32	24 料	5
16	L7 料	24	33	25 料	2
17	9 料	22	34	26 料	2

续表

序号	名称	批次数	序号	名称	批次数
35	27 香	5	46	38 香	1
36	28 料	3	47	39 料	1
37	29 料	3	48	40 香	1
38	30 料	2	49	41 香	1
39	31 料	2	50	42 料	1
40	32 料	3	51	43 香	1
41	33 料	2	52	44 料	1
42	34 香	2	53	45 料	1
43	35 香	3	54	46 料	1
44	36 料	1	55	47 料	1
45	37 料	1	56	48 香	1

实验仪器：XploRA Plus（HORIBA）。

实验条件：采用 785 nm 激光，600 T 光栅，5 倍镜头，采谱范围为 400～1800 cm^{-1}，累积采谱次数 1 次，每个样品选择不同点采谱 15～20 张。

实验步骤：将组装好 55 nm 的金属纳米粒子的金片置于香料中，浸润 1～2 h 后取出，再置于超纯水中 1～2 min 除去表面物理吸附，重复 2～3 次，在空气中干燥，然后进行拉曼检测。

数据预处理：对于每类样品，将仪器采集的拉曼光谱剔除异常谱图，其他谱图取平均值并校正基线。

实验数据分析：对上述样品测试数据用直接判别法与主成分分析（PCA）法进行处理，然后对 PCA 所得的得分矩阵，取主要成分的数据，计算离散度、和总平均相似度，将相似度最差的那个样品当作 0.8，然后进行归一化，得到相应图表。

和总平均相似度采用如下公式进行计算：

$$S_{i,\text{standard}} = \sqrt{(X_i - X_{\text{standard}})^2 + (Y_i - Y_{\text{standard}})^2} \tag{2-1}$$

再将其归一化,定义80%为质量控制最低阈值:

$$S_{i,\text{standard,norm}}(\%) = \left(\frac{S_{i,\text{standard}}}{\max\limits_{i \geqslant 1}(S_{i,\text{standard}})} \times 0.1 + 0.8 \right) \times 100 \quad (2\text{-}2)$$

式中:$S_{i,\text{standard}}$——第 i 组相对标准样的相似度;

X_i——X 轴第 i 组的平均值;

X_{standard}——X 轴中标准样的平均值;

Y_i——Y 轴第 i 组的平均值;

Y_{standard}——Y 轴中标准样的平均值;

$S_{i,\text{standard,norm}}$——归一化后的相似度。

1. X5 香

拉曼光谱见图 2-77。

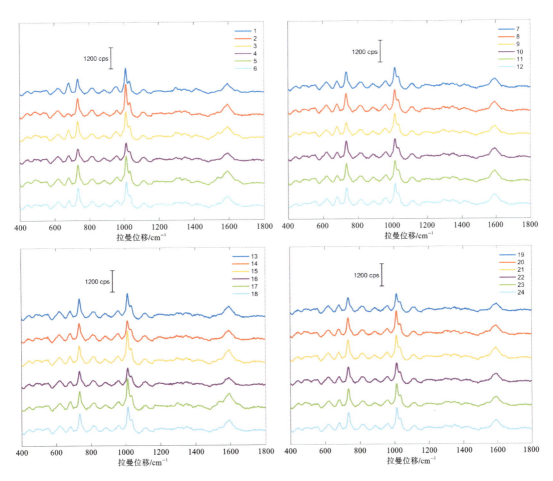

图 2-77　X5 香拉曼光谱

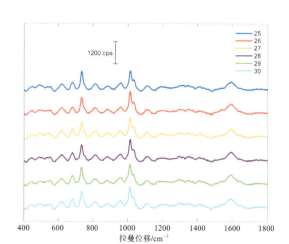

续图 2-77

直接判别法及主成分分析散点图见图 2-78。

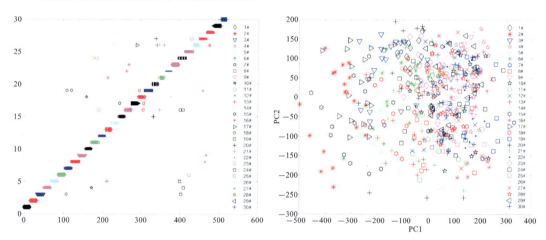

图 2-78 X5 香散点图

X5 香离散度及相似度见表 2-5。

表 2-5 X5 香离散度及相似度

样品编号	X 轴离散度	Y 轴离散度	和总平均相似度
1	42.02	49.24	0.9381
2	69.15	107.24	0.8000
3	74.26	78.43	0.8981
4	65.90	109.36	0.9129

续表

样品编号	X轴离散度	Y轴离散度	和总平均相似度
5	67.40	91.60	0.8717
6	84.73	86.06	0.9380
7	104.17	90.49	0.9571
8	69.26	93.24	0.9695
9	57.91	68.88	0.9352
10	91.25	99.61	0.9441
11	83.69	104.08	0.9708
12	63.33	98.86	0.9740
13	82.07	94.90	0.9452
14	82.48	110.68	0.9426
15	90.32	90.31	0.8373
16	61.10	117.12	0.9195
17	94.41	87.71	0.8523
18	123.29	75.75	0.9414
19	50.53	80.19	0.8975
20	107.67	152.26	0.9706
21	82.68	112.39	0.9802
22	68.78	83.07	0.9318
23	67.84	77.92	0.9777
24	155.65	95.94	0.9892
25	80.71	93.01	0.9412

续表

样品编号	X 轴离散度	Y 轴离散度	和总平均相似度
26	69.46	82.84	0.9711
27	70.33	101.09	0.9255
28	41.32	83.62	0.9613
29	67.45	78.90	0.9374
30	53.06	84.75	0.9396

2. G14 料

拉曼光谱见图 2-79。

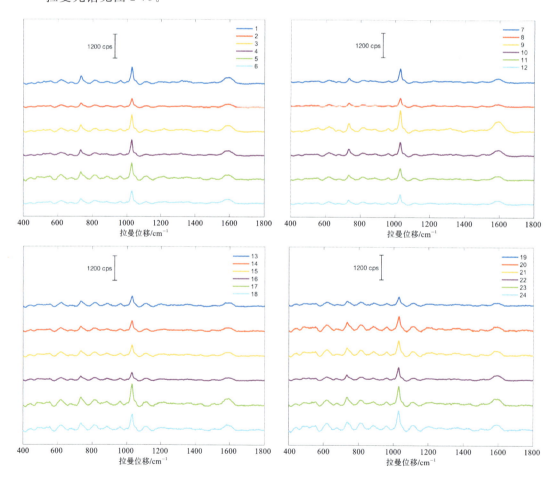

图 2-79 G14 料拉曼光谱

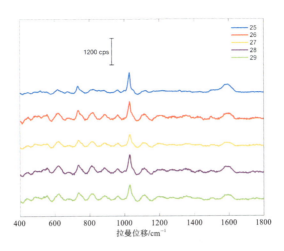

续图 2-79

直接判别法及主成分分析散点图见图 2-80。

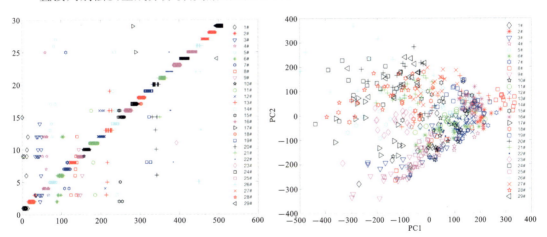

图 2-80 G14 料散点图

G14 料离散度及相似度见表 2-6。

表 2-6 G14 料离散度及相似度

样品编号	X 轴离散度	Y 轴离散度	和总平均相似度
1	93.51	83.24	0.9038
2	65.90	55.08	0.8612
3	142.27	88.34	0.8966
4	116.09	76.59	0.8781
5	119.70	81.51	0.9180

续表

样品编号	X轴离散度	Y轴离散度	和总平均相似度
6	73.39	41.71	0.9251
7	90.32	65.71	0.8852
8	156.45	109.30	0.8493
9	112.10	85.37	0.8059
10	63.84	53.86	0.9201
11	61.06	33.51	0.9294
12	35.94	42.80	0.8817
13	104.69	52.90	0.9169
14	75.85	69.68	0.9138
15	82.75	46.50	0.9291
16	27.73	27.76	0.8697
17	86.60	98.53	0.8293
18	110.66	64.62	0.9085
19	52.65	41.71	0.8793
20	86.17	95.00	0.8854
21	66.56	34.90	0.8987
22	51.26	35.96	0.9300
23	75.69	52.33	0.8919
24	99.31	72.97	0.8000
25	46.95	52.11	0.8736
26	180.04	127.32	0.8165
27	50.78	43.89	0.9037
28	101.29	55.21	0.8454
29	76.75	49.51	0.8529

3. X4 香

拉曼光谱见图 2-81。

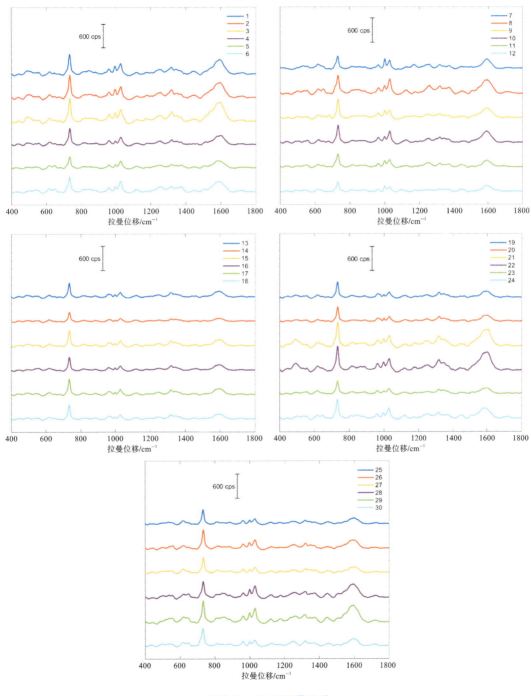

图 2-81　X4 香拉曼光谱

直接判别法及主成分分析散点图见图2-82。

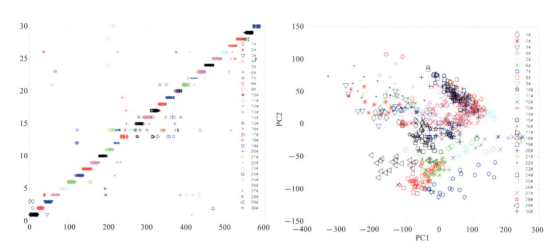

图 2-82　X4 香散点图

X4 香离散度及相似度见表 2-7。

表 2-7　X4 香离散度及相似度

样品编号	X 轴离散度	Y 轴离散度	和总平均相似度
1	53.72	11.108	0.8797
2	86.29	18.888	0.8232
3	64.75	15.476	0.8000
4	55.35	11.156	0.9731
5	17.88	8.560	0.9078
6	21.44	12.367	0.9128
7	65.99	16.384	0.8720
8	25.03	11.948	0.8645
9	43.03	6.384	0.9763
10	46.03	11.829	0.9655
11	107.28	15.243	0.9077

续表

样品编号	X轴离散度	Y轴离散度	和总平均相似度
12	112.43	18.954	0.8469
13	25.37	12.290	0.9096
14	29.58	11.498	0.8214
15	39.57	18.818	0.9203
16	42.11	14.607	0.8983
17	30.93	14.000	0.9139
18	75.51	23.464	0.8955
19	38.48	18.765	0.9167
20	45.96	15.375	0.9153
21	53.61	16.603	0.8273
22	82.99	20.768	0.8007
23	53.64	9.098	0.9045
24	37.12	18.756	0.9343
25	17.43	12.287	0.9308
26	33.17	9.484	0.9607
27	49.65	13.760	0.9467
28	31.02	12.362	0.8934
29	53.43	8.944	0.8247
30	36.63	7.431	0.9755

4. L1料

拉曼光谱见图2-83。

直接判别法及主成分分析散点图见图2-84。

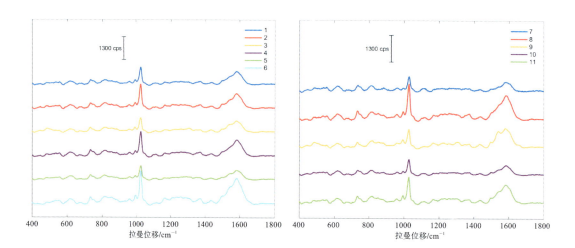
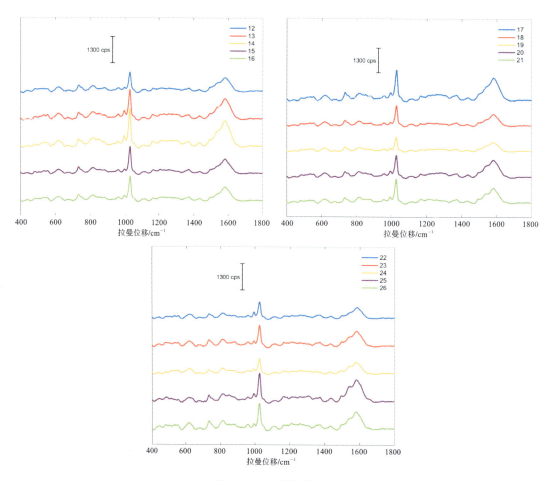

图 2-83　L1 料拉曼光谱

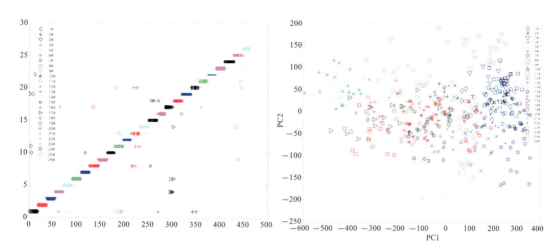

图 2-84　L1 料散点图

L1 料离散度及相似度见表 2-8。

表 2-8　L1 料离散度及相似度

样品编号	X 轴离散度	Y 轴离散度	和总平均相似度
1	91.42	24.95	0.9505
2	64.03	32.00	0.9464
3	43.26	20.04	0.9008
4	94.35	36.44	0.9437
5	63.16	24.05	0.8937
6	67.05	34.33	0.8000
7	37.94	53.68	0.8626
8	64.01	39.49	0.8560
9	57.02	36.51	0.9047
10	61.31	26.99	0.8827
11	107.57	37.99	0.9751
12	57.67	44.52	0.9341
13	107.25	26.82	0.9190

续表

样品编号	X轴离散度	Y轴离散度	和总平均相似度
14	90.79	19.03	0.8132
15	103.58	35.18	0.9529
16	78.58	36.93	0.9827
17	118.19	31.71	0.8829
18	58.36	39.60	0.9558
19	42.70	30.78	0.8866
20	48.51	26.27	0.9876
21	64.79	32.18	0.9787
22	43.28	31.40	0.9059
23	23.65	55.16	0.9510
24	37.05	24.93	0.8857
25	122.83	44.56	0.9197
26	92.72	52.52	0.9343

5. X3料

拉曼光谱见图2-85。

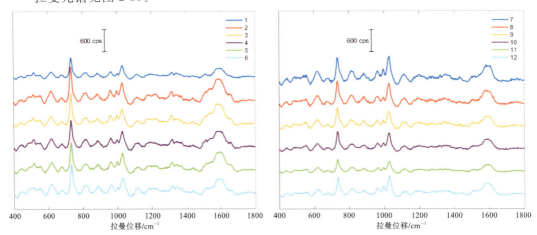

图2-85　X3料拉曼光谱

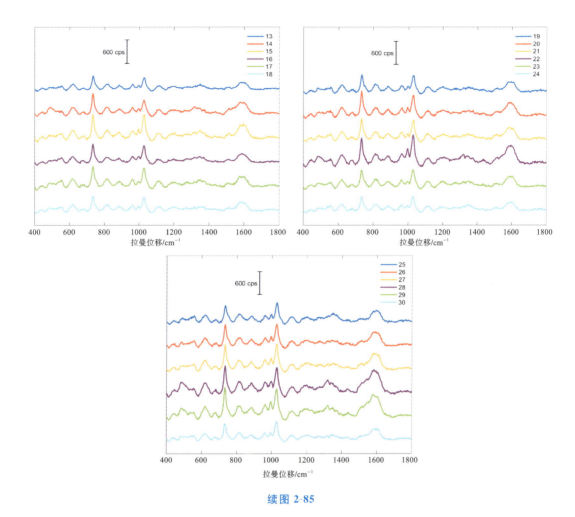

续图 2-85

直接判别法及主成分分析散点图见图 2-86。

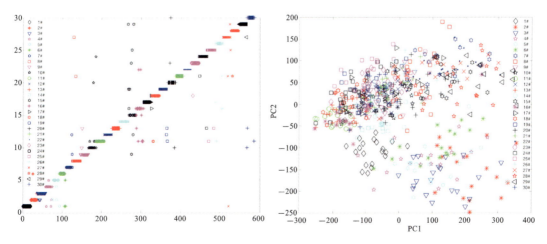

图 2-86　X3 料散点图

X3 料离散度及相似度见表 2-9。

表 2-9 X3 料离散度及相似度

样品编号	X 轴离散度	Y 轴离散度	和总平均相似度
1	42.73	26.47	0.8976
2	77.83	56.88	0.8000
3	79.29	37.50	0.8402
4	106.38	37.91	0.8836
5	91.48	45.56	0.8631
6	87.31	37.70	0.8873
7	92.34	36.33	0.8806
8	56.00	66.37	0.9455
9	53.95	36.28	0.9622
10	69.34	26.85	0.9508
11	37.69	16.14	0.8605
12	42.81	24.22	0.9569
13	39.13	23.31	0.8702
14	38.23	26.19	0.9499
15	120.76	30.96	0.9487
16	144.91	48.09	0.9311
17	74.61	40.43	0.9566
18	45.81	27.07	0.8923
19	57.31	35.27	0.9311

续表

样品编号	X轴离散度	Y轴离散度	和总平均相似度
20	69.88	42.02	0.9714
21	49.88	28.64	0.9638
22	71.89	29.82	0.8771
23	52.39	32.34	0.9316
24	54.61	40.28	0.8876
25	83.22	37.37	0.9259
26	73.61	36.58	0.9622
27	111.00	33.15	0.9207
28	85.49	46.30	0.8703
29	94.24	35.59	0.8368
30	52.66	41.01	0.9400

6. X2香

拉曼光谱见图2-87。

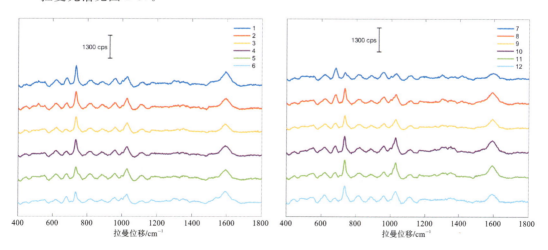

图2-87　X2香拉曼光谱

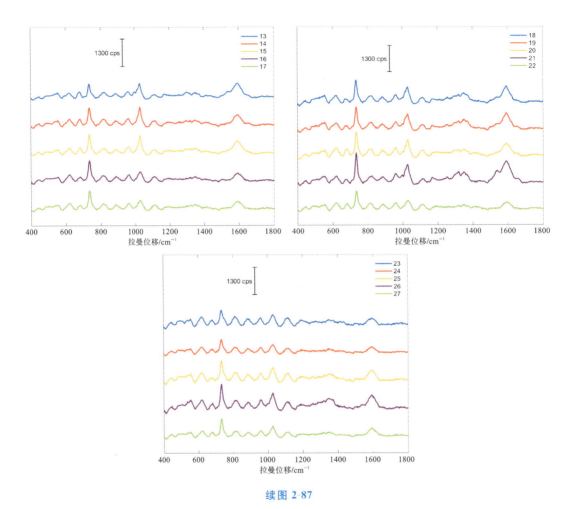

续图 2-87

直接判别法及主成分分析散点图见图 2-88。

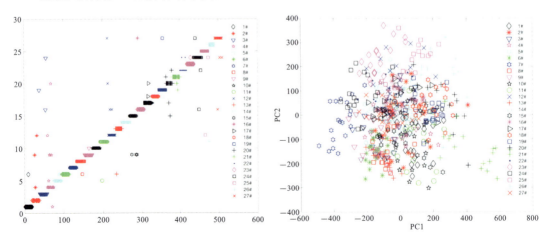

图 2-88　X2 香散点图

X2 香离散度及相似度见表 2-10。

表 2-10　X2 香离散度及相似度

样品编号	X 轴离散度	Y 轴离散度	和总平均相似度
1	82.83	81.36	0.9368
2	140.18	125.79	0.9745
3	130.58	98.39	0.9724
4	128.98	109.85	0.9687
5	97.53	99.10	0.9443
6	41.06	53.48	0.9027
7	63.85	85.79	0.8372
8	76.90	95.43	0.9506
9	100.86	84.22	0.9316
10	66.85	113.08	0.9421
11	89.97	107.95	0.9376
12	97.42	92.11	0.9352
13	56.48	106.90	0.9372
14	74.69	48.14	0.9886
15	134.97	85.50	0.9588
16	80.70	50.30	0.9751
17	121.65	53.37	0.9704
18	72.10	63.56	0.9076
19	66.47	62.81	0.9154
20	140.05	90.13	0.9074
21	144.33	81.59	0.8000

续表

样品编号	X 轴离散度	Y 轴离散度	和总平均相似度
22	106.72	56.61	0.9541
23	79.04	68.94	0.8800
24	124.23	71.11	0.9054
25	95.46	69.60	0.8966
26	119.61	99.72	0.8842
27	102.99	41.70	0.9728

7. X1 香

拉曼光谱见图 2-89。

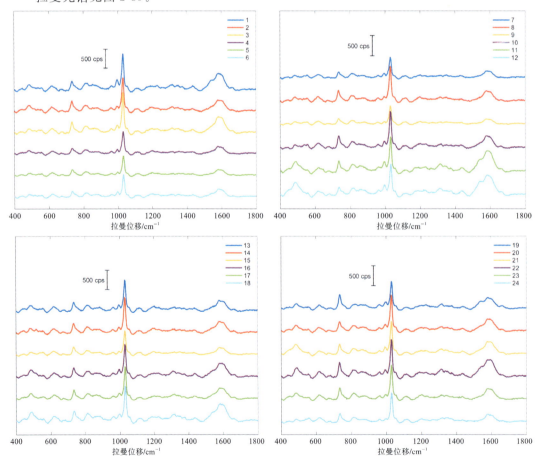

图 2-89　X1 香拉曼光谱

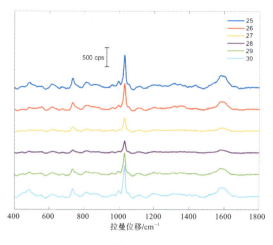

续图 2-89

直接判别法及主成分分析散点图见图 2-90。

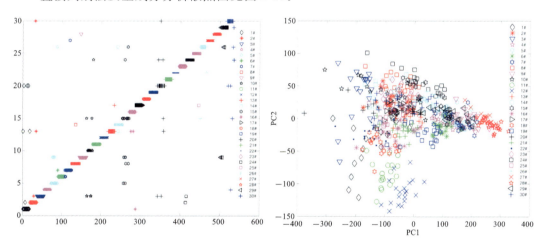

图 2-90　X1 香散点图

X1 香离散度及相似度见表 2-11。

表 2-11　X1 香离散度及相似度

样品编号	X 轴离散度	Y 轴离散度	和总平均相似度
1	73.89	41.182	0.8923
2	42.43	12.791	0.9367
3	39.21	40.480	0.8541
4	26.44	6.730	0.9183

续表

样品编号	X轴离散度	Y轴离散度	和总平均相似度
5	44.16	12.355	0.8920
6	34.37	9.421	0.9296
7	44.78	11.632	0.8846
8	44.99	13.085	0.9456
9	32.32	12.418	0.8601
10	112.85	21.711	0.9317
11	29.69	20.796	0.9038
12	35.31	19.573	0.9111
13	41.48	11.867	0.9795
14	55.57	17.112	0.9263
15	70.77	26.270	0.9351
16	57.34	14.325	0.9478
17	38.49	10.039	0.9586
18	37.86	15.941	0.9081
19	69.86	13.337	0.9815
20	100.21	12.791	0.9383
21	41.34	9.290	0.9635
22	48.45	14.384	0.8907
23	40.56	11.023	0.9501
24	70.60	18.128	0.9548
25	39.80	17.097	0.9402

续表

样品编号	X轴离散度	Y轴离散度	和总平均相似度
26	61.06	10.402	0.9579
27	28.07	10.149	0.8135
28	31.30	7.876	0.8000
29	55.42	8.324	0.9118
30	91.33	13.644	0.9754

8.1 料

拉曼光谱见图2-91。

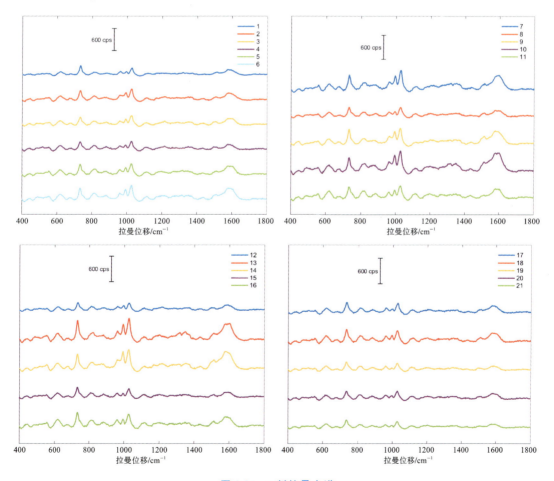

图2-91　1料拉曼光谱

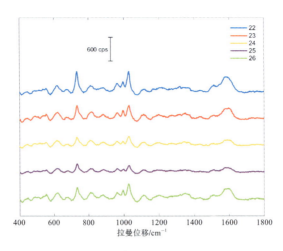

续图 2-91

直接判别法及主成分分析散点图见图 2-92。

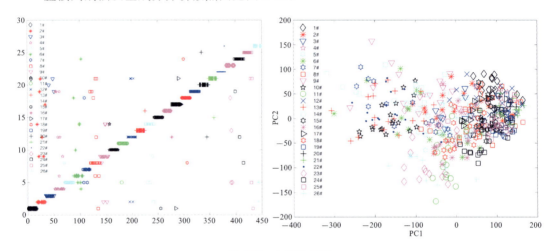

图 2-92　1 料散点图

1 料离散度及相似度见表 2-12。

表 2-12　1 料离散度及相似度

样品编号	X 轴离散度	Y 轴离散度	和总平均相似度
1	30.08	28.79	0.8736
2	71.22	24.96	0.9597
3	58.15	29.37	0.9489
4	61.73	33.37	0.9201

续表

样品编号	X 轴离散度	Y 轴离散度	和总平均相似度
5	53.52	29.74	0.9816
6	97.62	51.30	0.9050
7	85.12	45.56	0.8495
8	71.14	38.76	0.9254
9	88.42	39.48	0.8842
10	43.40	34.20	0.8132
11	24.70	49.90	0.9096
12	56.10	26.39	0.8749
13	64.96	38.37	0.8000
14	97.36	24.98	0.8404
15	19.86	30.65	0.9075
16	37.25	46.77	0.9609
17	38.66	23.93	0.9119
18	37.05	35.46	0.9660
19	15.32	28.46	0.8600
20	25.44	24.26	0.8800
21	28.23	18.18	0.8516
22	52.90	36.67	0.8111
23	45.20	52.07	0.8887
24	32.67	36.15	0.9140
25	36.53	29.71	0.8850
26	52.67	55.94	0.9055

9.2 料

拉曼光谱见图 2-93。

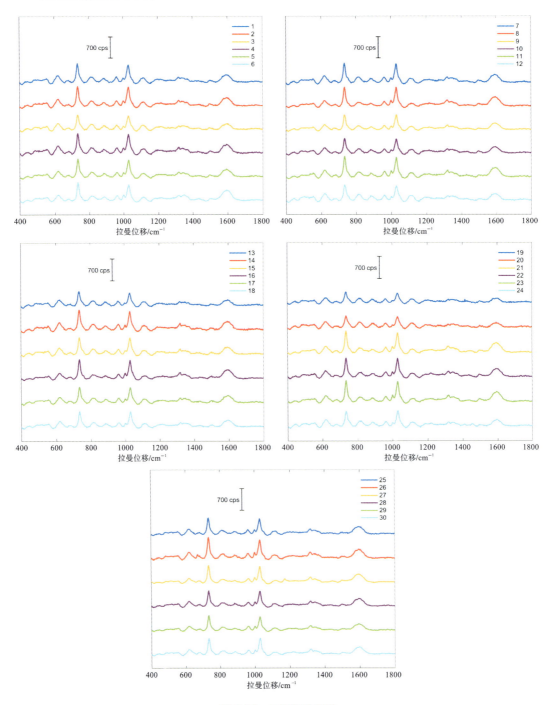

图 2-93　2 料拉曼光谱

直接判别法及主成分分析散点图见图2-94。

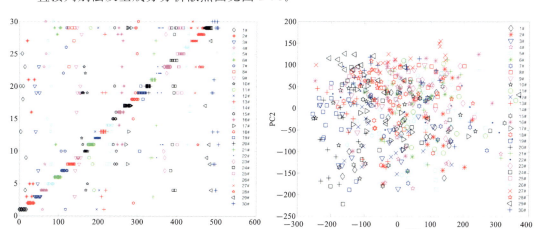

图2-94 2料散点图

2料离散度及相似度见表2-13。

表2-13 2料离散度及相似度

样品编号	X轴离散度	Y轴离散度	和总平均相似度
1	107.81	62.53	0.9352
2	79.97	79.44	0.9120
3	107.13	61.93	0.9023
4	91.13	77.83	0.9076
5	76.68	77.50	0.9713
6	79.03	61.51	0.9643
7	100.20	67.50	0.9193
8	77.90	38.64	0.9081
9	91.01	60.85	0.9545
10	147.39	55.54	0.9385
11	104.51	68.95	0.8905
12	86.80	57.36	0.9099

续表

样品编号	X轴离散度	Y轴离散度	和总平均相似度
13	85.46	61.86	0.8914
14	102.62	91.66	0.9143
15	140.73	90.83	0.9427
16	129.24	70.57	0.9299
17	90.60	50.85	0.9620
18	71.90	62.03	0.9502
19	57.79	65.67	0.8018
20	44.99	74.06	0.8000
21	101.58	77.72	0.9061
22	178.92	45.75	0.9588
23	93.66	56.04	0.8983
24	136.56	88.93	0.9235
25	119.06	33.21	0.9471
26	117.79	41.23	0.9021
27	100.39	25.53	0.8837
28	106.44	29.80	0.9344
29	134.27	53.64	0.8996
30	120.73	61.63	0.9428

10.3 料

拉曼光谱见图 2-95。

直接判别法及主成分分析散点图见图 2-96。

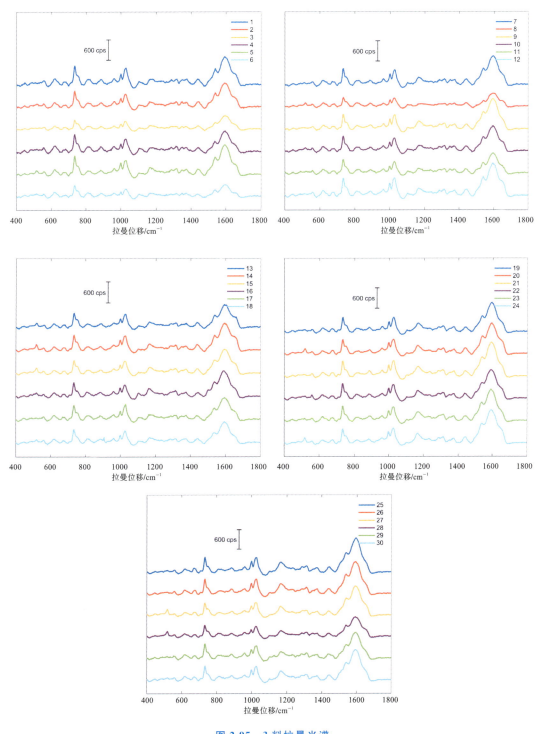

图 2-95 3 料拉曼光谱

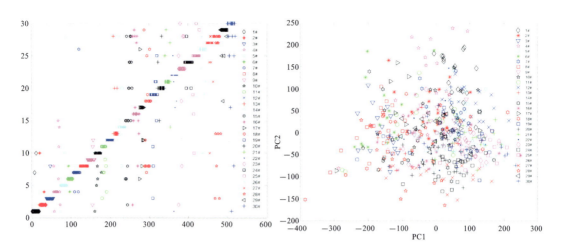

图 2-96 3 料散点图

3 料离散度及相似度见表 2-14。

表 2-14 3 料离散度及相似度

样品编号	X 轴离散度	Y 轴离散度	和总平均相似度
1	36.48	56.79	0.8426
2	59.08	52.13	0.9378
3	37.70	49.90	0.8148
4	83.71	91.23	0.8638
5	59.33	57.79	0.9129
6	60.03	76.21	0.8079
7	51.76	50.63	0.9268
8	57.75	52.85	0.8000
9	61.25	35.76	0.9396
10	76.35	60.12	0.9668
11	116.00	63.59	0.9330
12	50.95	35.87	0.8586

续表

样品编号	X轴离散度	Y轴离散度	和总平均相似度
13	77.26	41.85	0.9357
14	76.56	28.18	0.9695
15	110.28	66.10	0.9227
16	102.24	53.97	0.9768
17	123.46	66.65	0.9338
18	161.25	62.50	0.9198
19	111.72	39.87	0.9566
20	55.07	30.66	0.9189
21	64.32	29.20	0.8870
22	62.56	55.60	0.9686
23	95.65	38.98	0.9344
24	54.69	28.97	0.8887
25	72.73	32.08	0.8801
26	81.30	25.03	0.9027
27	97.67	39.67	0.8952
28	73.31	62.61	0.8793
29	67.29	36.11	0.9860
30	107.79	48.42	0.9262

11.4 料

拉曼光谱见图 2-97。

直接判别法及主成分分析散点图见图 2-98。

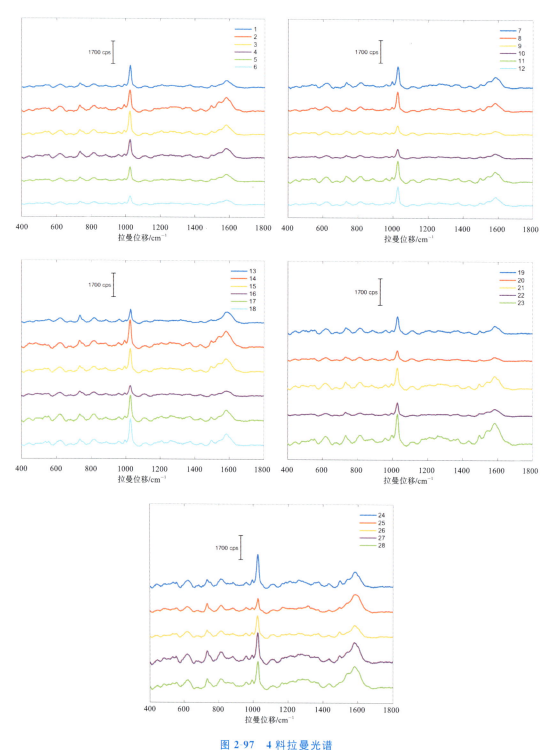

图 2-97　4 料拉曼光谱

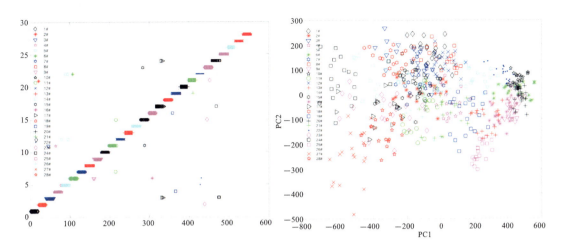

图 2-98　4 料散点图

4 料离散度及相似度见表 2-15。

表 2-15　4 料离散度及相似度

样品编号	X 轴离散度	Y 轴离散度	和总平均相似度
1	71.41	47.58	0.9339
2	106.84	40.80	0.9577
3	102.20	61.29	0.9168
4	81.40	59.98	0.9849
5	95.32	34.84	0.9202
6	78.19	25.20	0.8422
7	73.12	45.92	0.9561
8	82.36	40.41	0.9483
9	32.29	43.69	0.8485
10	31.84	28.80	0.8382
11	63.16	77.05	0.9516

续表

样品编号	X轴离散度	Y轴离散度	和总平均相似度
12	56.81	37.87	0.9529
13	58.83	47.11	0.8969
14	95.61	67.62	0.8779
15	86.07	64.28	0.9446
16	51.57	40.54	0.8675
17	141.06	72.30	0.8943
18	79.32	38.07	0.8884
19	69.10	71.44	0.9393
20	26.20	37.46	0.8363
21	88.83	67.54	0.9767
22	47.52	30.02	0.8665
23	152.80	69.44	0.8807
24	136.89	81.68	0.8071
25	35.39	39.86	0.8854
26	75.30	63.82	0.9729
27	78.54	103.94	0.8000
28	68.71	55.45	0.8729

12.5 料

拉曼光谱见图2-99。

直接判别法及主成分分析散点图见图2-100。

/ 第二章 基于表面增强拉曼光谱(SERS)技术的配制后香精品质检测技术应用 /

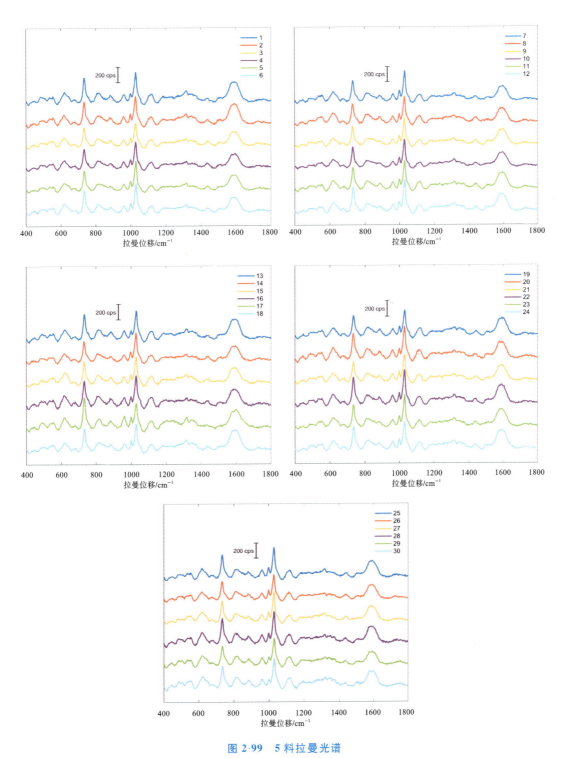

图 2-99　5 料拉曼光谱

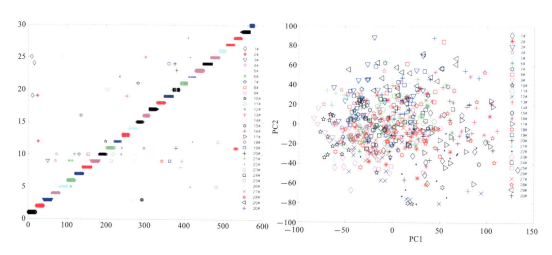

图 2-100 5 料散点图

5 料离散度及相似度见表 2-16。

表 2-16 5 料离散度及相似度

样品编号	X 轴离散度	Y 轴离散度	和总平均相似度
1	43.57	23.75	0.8966
2	34.71	26.83	0.9626
3	29.30	20.23	0.8699
4	27.32	17.12	0.9142
5	26.11	16.85	0.8846
6	32.67	14.56	0.9860
7	35.36	11.64	0.9594
8	33.07	20.60	0.9160
9	24.02	10.01	0.8490
10	25.62	25.49	0.8408
11	23.94	17.97	0.9929
12	37.03	27.70	0.8826

续表

样品编号	X轴离散度	Y轴离散度	和总平均相似度
13	39.67	23.46	0.8924
14	25.07	18.13	0.9394
15	38.00	39.17	0.9807
16	29.91	25.74	0.8508
17	27.05	20.43	0.8000
18	38.68	21.10	0.9646
19	32.11	20.29	0.9183
20	35.08	19.67	0.8703
21	33.36	15.67	0.9123
22	35.25	21.62	0.8559
23	24.41	17.64	0.8901
24	27.68	15.71	0.9949
25	27.09	18.23	0.9482
26	23.97	14.88	0.8811
27	18.39	13.24	0.9310
28	37.84	24.85	0.8562
29	30.49	18.16	0.8496
30	35.02	24.00	0.8579

13.6料

拉曼光谱见图2-101。

直接判别法及主成分分析散点图见图2-102。

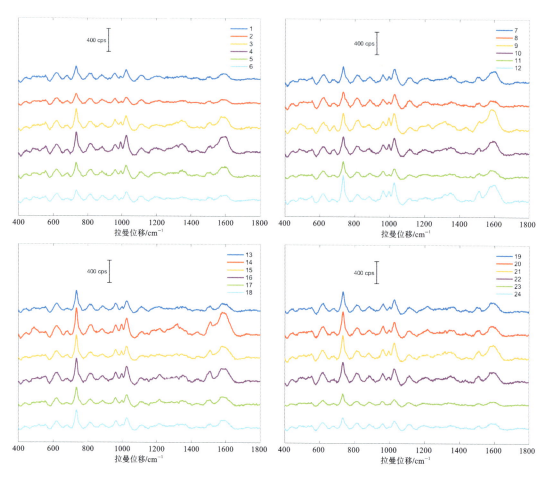

图 2-101 6 料拉曼光谱

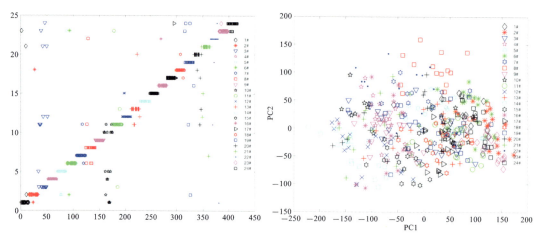

图 2-102 6 料散点图

6料离散度及相似度见表2-17。

表2-17　6料离散度及相似度

样品编号	X轴离散度	Y轴离散度	和总平均相似度
1	48.51	30.65	0.8966
2	33.84	30.24	0.8291
3	77.54	38.20	0.9853
4	30.27	44.52	0.8996
5	51.70	31.55	0.9453
6	29.36	35.44	0.8572
7	48.06	38.78	0.9533
8	49.18	51.87	0.8733
9	33.68	29.39	0.9033
10	96.20	32.86	0.9539
11	33.68	28.79	0.9075
12	48.85	36.58	0.8363
13	56.02	37.13	0.9765
14	40.26	32.43	0.8000
15	36.10	27.95	0.9017
16	37.01	60.18	0.8796
17	24.77	35.54	0.9431
18	37.24	23.91	0.9433
19	75.19	41.03	0.9954
20	77.56	45.38	0.9376

续表

样品编号	X轴离散度	Y轴离散度	和总平均相似度
21	51.13	49.94	0.8884
22	62.54	51.49	0.9071
23	25.62	24.47	0.8209
24	25.83	33.83	0.8652

14.7 香

拉曼光谱见图 2-103。

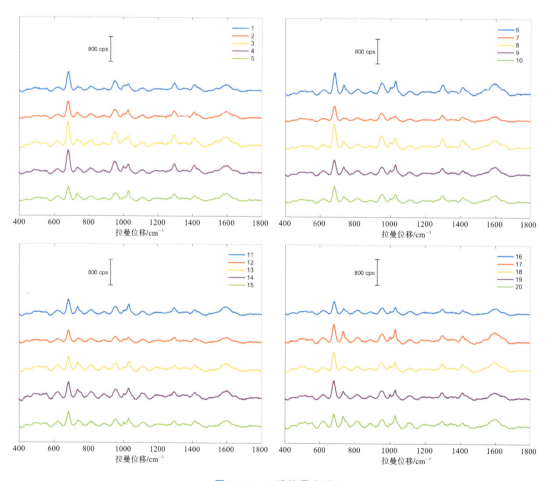

图 2-103　7 香拉曼光谱

直接判别法及主成分分析散点图见图 2-104。

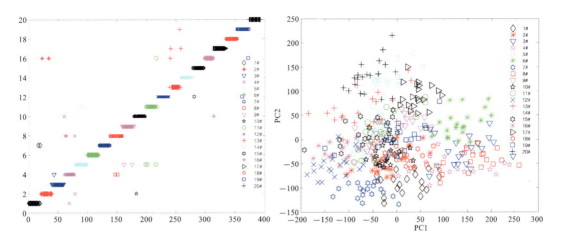

图 2-104　7 香散点图

7 香离散度及相似度见表 2-18。

表 2-18　7 香离散度及相似度

样品编号	X 轴离散度	Y 轴离散度	和总平均相似度
1	37.38	26.99	0.8925
2	45.74	25.77	0.9409
3	47.29	29.92	0.8193
4	75.26	21.39	0.8471
5	27.53	26.16	0.9303
6	34.06	28.13	0.8257
7	34.52	14.39	0.8467
8	52.51	21.03	0.8000
9	48.09	28.68	0.9704
10	23.98	20.58	0.9543
11	47.04	40.96	0.9612
12	34.68	24.21	0.8258
13	57.88	35.47	0.8817
14	28.71	39.40	0.8576

续表

样品编号	X轴离散度	Y轴离散度	和总平均相似度
15	49.34	27.77	0.9170
16	45.09	15.93	0.8667
17	23.86	25.15	0.8745
18	39.25	16.93	0.9543
19	57.66	27.39	0.9940
20	31.96	33.53	0.8222

15.8 香

拉曼光谱见图2-105。

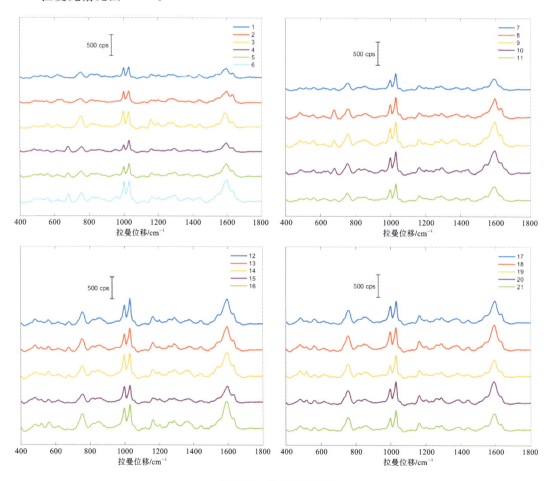

图2-105　8香拉曼光谱

直接判别法及主成分分析散点图见图 2-106。

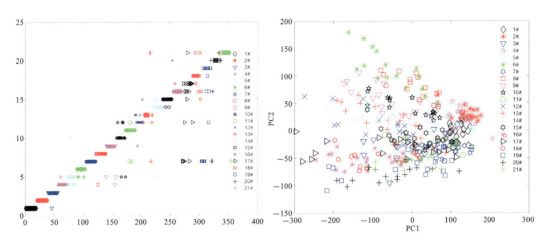

图 2-106　8 香散点图

8 香离散度及相似度见表 2-19。

表 2-19　8 香离散度及相似度

样品编号	X 轴离散度	Y 轴离散度	和总平均相似度
1	16.61	15.311	0.8365
2	24.85	11.296	0.8000
3	68.99	21.764	0.9514
4	45.92	19.971	0.8130
5	61.01	26.345	0.8710
6	69.91	36.505	0.8299
7	46.04	9.712	0.8714
8	57.26	24.261	0.8916
9	85.82	31.262	0.8978
10	68.62	18.135	0.9373
11	67.03	10.415	0.9099

续表

样品编号	X轴离散度	Y轴离散度	和总平均相似度
12	88.28	27.089	0.8644
13	85.64	31.715	0.9153
14	80.28	17.605	0.8652
15	67.41	16.387	0.9730
16	71.34	13.524	0.8113
17	138.66	15.385	0.9067
18	74.28	14.756	0.8668
19	118.31	22.120	0.9089
20	81.94	19.303	0.8790
21	55.21	12.866	0.9164

16. L7 料

拉曼光谱见图 2-107。

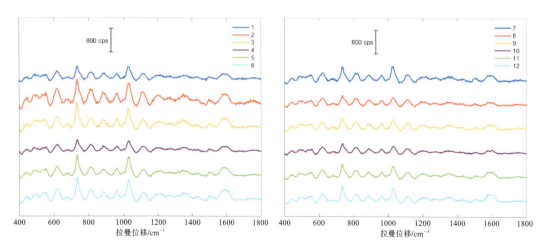

图 2-107　L7 料拉曼光谱

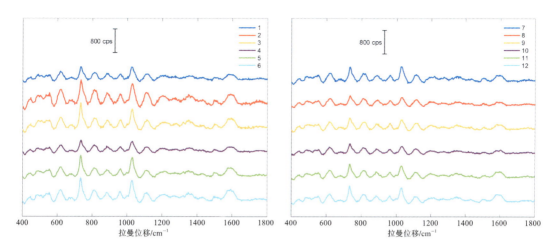

续图 2-107

直接判别法及主成分分析散点图见图 2-108。

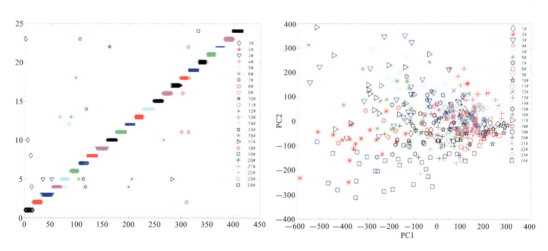

图 2-108　L7 料散点图

L7 料离散度及相似度见表 2-20。

表 2-20　L7 料离散度及相似度

样品编号	X 轴离散度	Y 轴离散度	和总平均相似度
1	145.10	41.51	0.9545
2	106.97	74.12	0.8000
3	147.59	121.75	0.8669
4	53.18	44.70	0.9208

续表

样品编号	X轴离散度	Y轴离散度	和总平均相似度
5	125.64	82.49	0.9151
6	161.37	99.29	0.8930
7	107.48	61.96	0.9711
8	49.80	36.75	0.8935
9	54.08	44.68	0.9315
10	89.83	25.75	0.8858
11	54.97	38.64	0.9429
12	91.23	51.82	0.9604
13	71.13	57.81	0.8844
14	47.15	42.72	0.8964
15	78.67	70.57	0.9185
16	62.39	40.75	0.9405
17	131.94	110.52	0.8223
18	148.06	46.47	0.9583
19	116.14	63.26	0.8005
20	91.41	54.73	0.9598
21	80.60	47.16	0.9438
22	54.62	45.93	0.9611
23	54.31	36.45	0.9049
24	79.24	67.05	0.9105

17.9 料

拉曼光谱见图 2-109。

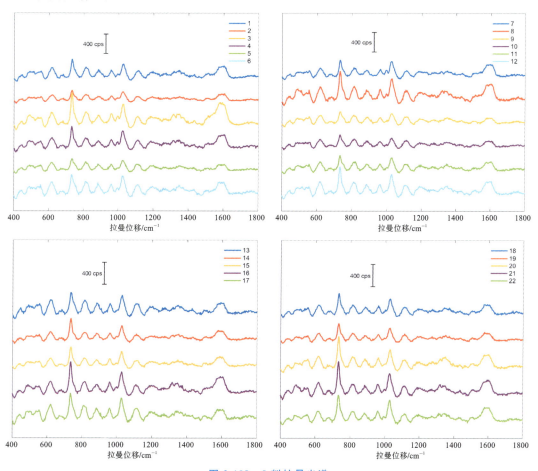

图 2-109　9 料拉曼光谱

直接判别法及主成分分析散点图见图 2-110。

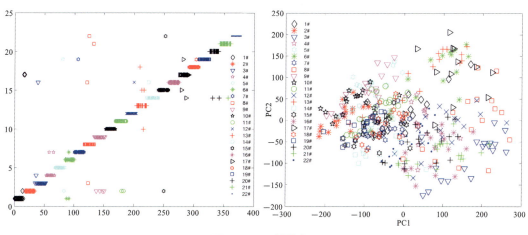

图 2-110　9 料散点图

9料离散度及相似度见表2-21。

表2-21　9料离散度及相似度

样品编号	X轴离散度	Y轴离散度	和总平均相似度
1	75.00	47.62	0.9805
2	36.47	29.58	0.8325
3	73.91	50.32	0.8000
4	53.29	49.16	0.9644
5	49.55	37.88	0.8701
6	80.25	66.06	0.8764
7	40.98	31.16	0.9438
8	80.78	73.10	0.8264
9	53.49	42.51	0.8701
10	49.45	28.52	0.8563
11	46.54	38.73	0.9228
12	71.20	48.24	0.8871
13	92.22	65.96	0.8871
14	45.35	40.73	0.9185
15	51.35	31.38	0.9200
16	53.63	45.58	0.8863
17	90.20	75.42	0.8695
18	39.37	35.71	0.9462
19	39.85	22.58	0.8827
20	60.13	39.10	0.9169
21	66.40	28.08	0.8700
22	43.19	40.60	0.9460

18.10 料

拉曼光谱见图 2-111。

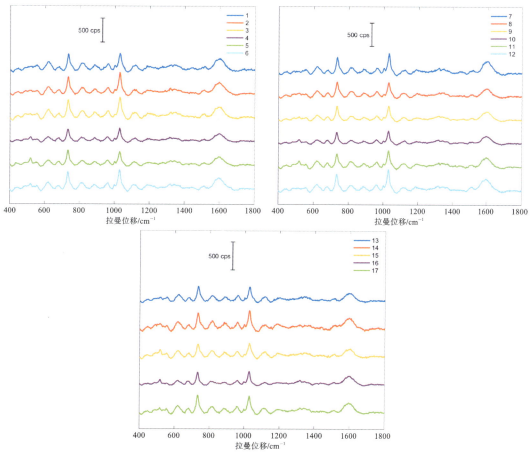

图 2-111　10 料拉曼光谱

直接判别法及主成分分析散点图见图 2-112。

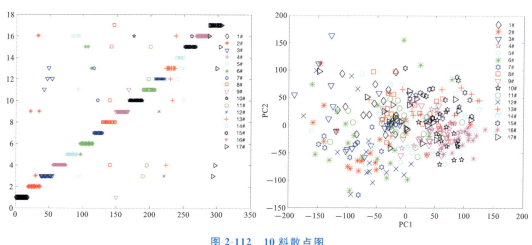

图 2-112　10 料散点图

10料离散度及相似度见表2-22。

表2-22 10料离散度及相似度

样品编号	X轴离散度	Y轴离散度	和总平均相似度
1	34.15	35.98	0.8807
2	68.36	49.30	0.8526
3	53.69	59.63	0.8183
4	27.70	24.69	0.8841
5	62.23	38.11	0.9274
6	65.14	73.57	0.8847
7	60.37	43.23	0.8560
8	40.69	34.10	0.9412
9	33.33	30.54	0.9379
10	20.51	30.43	0.8533
11	55.42	28.49	0.9753
12	49.42	70.48	0.8308
13	61.57	29.71	0.8951
14	89.20	47.17	0.9529
15	34.90	27.59	0.8452
16	22.68	17.47	0.8000
17	58.41	34.26	0.9606

19.11 香

拉曼光谱见图2-113。

直接判别法及主成分分析散点图见图2-114。

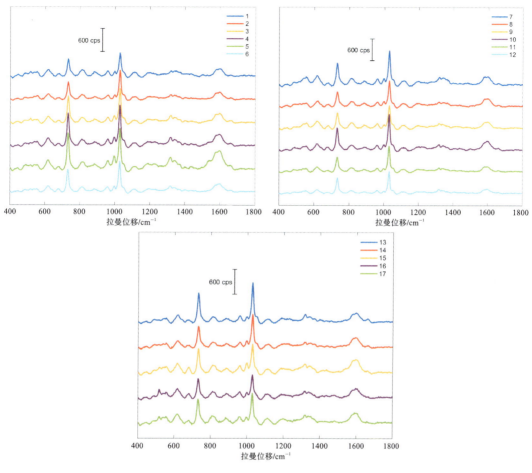

图 2-113　11 香拉曼光谱

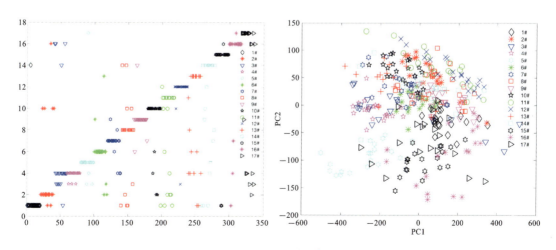

图 2-114　11 香散点图

11香离散度及相似度见表2-23。

表2-23 11香离散度及相似度

样品编号	X轴离散度	Y轴离散度	和总平均相似度
1	85.63	17.66	0.9055
2	109.23	33.46	0.9459
3	270.81	31.62	0.9360
4	73.88	18.52	0.8455
5	128.31	23.62	0.8000
6	60.55	17.36	0.9914
7	114.17	27.70	0.9414
8	120.99	30.05	0.9299
9	94.53	19.03	0.9176
10	77.70	20.33	0.9191
11	154.41	33.76	0.9206
12	126.60	29.68	0.8782
13	140.44	29.75	0.9183
14	169.59	31.31	0.9729
15	100.22	24.60	0.9281
16	151.68	51.52	0.8802
17	157.02	43.92	0.9526

20. 12香

拉曼光谱见图2-115。

直接判别法及主成分分析散点图见图2-116。

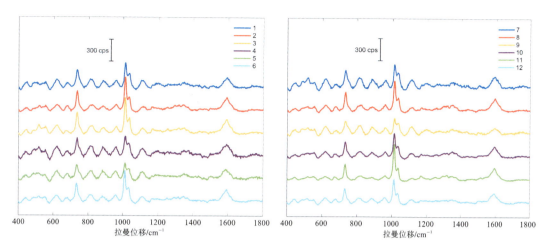

图 2-115 12 香拉曼光谱

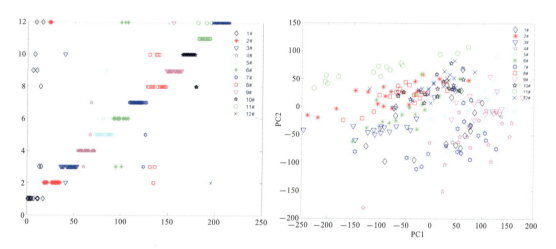

图 2-116 12 香散点图

12 香离散度及相似度见表 2-24。

表 2-24 12 香离散度及相似度

样品编号	X 轴离散度	Y 轴离散度	和总平均相似度
1	68.94	49.21	0.9435
2	78.54	23.19	0.8529
3	55.33	22.95	0.8359
4	67.06	48.61	0.8434
5	42.40	34.85	0.8346
6	56.97	32.90	0.9261

续表

样品编号	X轴离散度	Y轴离散度	和总平均相似度
7	65.44	40.82	0.8827
8	52.80	19.78	0.9081
9	37.99	22.92	0.8289
10	38.52	17.91	0.9422
11	93.93	21.20	0.8000
12	43.27	19.11	0.9265

21.13 香

拉曼光谱见图 2-117。

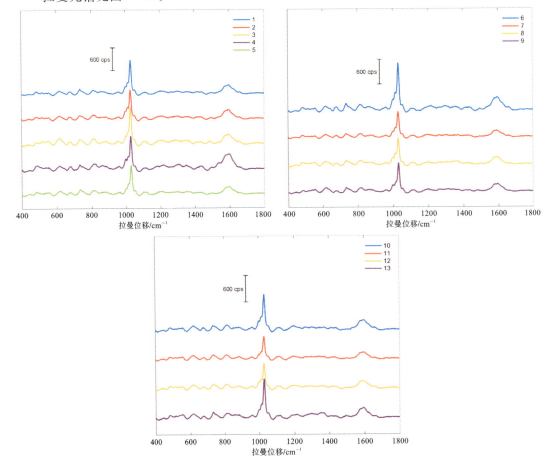

图 2-117　13香拉曼光谱

直接判别法及主成分分析散点图见图 2-118。

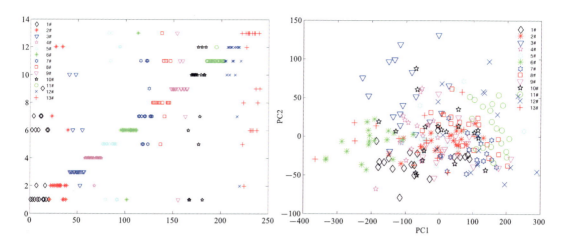

图 2-118　13 香散点图

13 香离散度及相似度见表 2-25。

表 2-25　13 香离散度及相似度

样品编号	X 轴离散度	Y 轴离散度	和总平均相似度
1	93.99	17.87	0.9298
2	75.86	12.28	0.9874
3	70.64	42.15	0.8887
4	50.39	31.87	0.9326
5	88.04	27.43	0.9857
6	68.82	18.38	0.8000
7	58.18	19.12	0.9104
8	71.54	24.51	0.9230
9	70.23	26.43	0.9508
10	87.86	35.59	0.9953

续表

样品编号	X轴离散度	Y轴离散度	和总平均相似度
11	36.41	28.92	0.8477
12	83.16	47.45	0.8810
13	122.30	25.04	0.9444

22. 14料

拉曼光谱见图2-119。

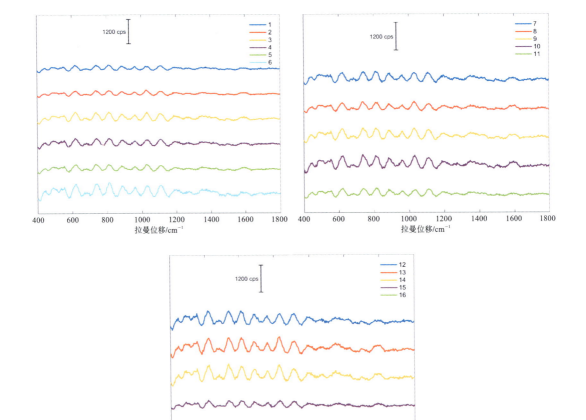

图2-119 14料拉曼光谱

直接判别法及主成分分析散点图见图2-120。

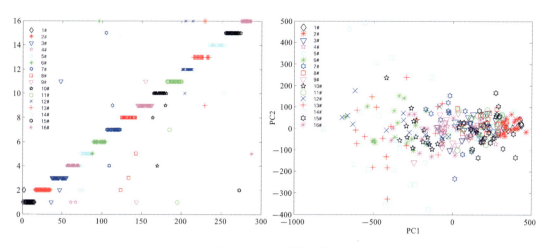

图 2-120　14 料散点图

14 料离散度及相似度见表 2-26。

表 2-26　14 料离散度及相似度

样品编号	X 轴离散度	Y 轴离散度	和总平均相似度
1	100.40	25.43	0.8507
2	48.36	30.70	0.8236
3	110.04	42.28	0.9459
4	122.58	23.50	0.9621
5	131.73	38.92	0.9059
6	190.55	81.35	0.8358
7	111.19	95.94	0.9910
8	102.25	41.27	0.8977
9	127.23	57.37	0.9912
10	143.61	79.20	0.9105
11	103.77	59.36	0.9121
12	253.37	67.76	0.8454
13	191.63	133.15	0.8220

续表

样品编号	X轴离散度	Y轴离散度	和总平均相似度
14	183.61	258.90	0.8000
15	87.05	80.69	0.8859
16	156.13	68.88	0.9282

23. 15料

拉曼光谱见图2-121。

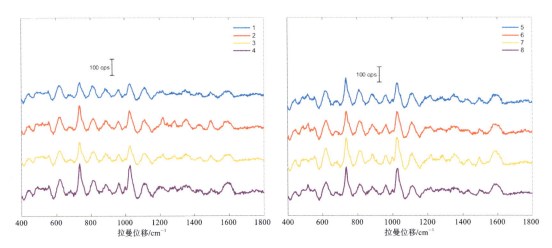

图2-121　15料拉曼光谱

直接判别法及主成分分析散点图见图2-122。

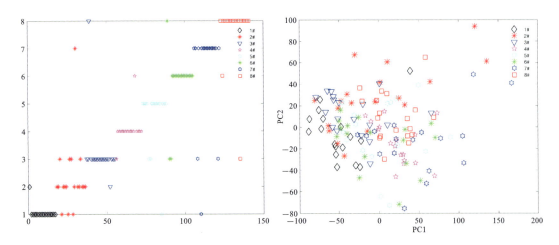

图2-122　15料散点图

15 料离散度及相似度见表 2-26。

表 2-26　15 料离散度及相似度

样品编号	X 轴离散度	Y 轴离散度	和总平均相似度
1	30.66	23.68	0.8020
2	60.30	30.03	0.8904
3	35.03	18.95	0.8621
4	24.92	19.76	0.8889
5	39.36	31.56	0.9703
6	43.55	23.87	0.9439
7	52.64	29.73	0.8000
8	26.19	22.40	0.9167

24. 16 香

拉曼光谱见图 2-123。

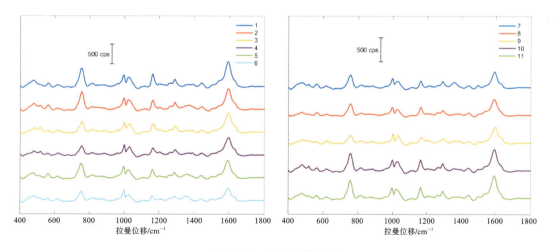

图 2-123　16 香拉曼光谱

直接判别法及主成分分析散点图见图 2-124。

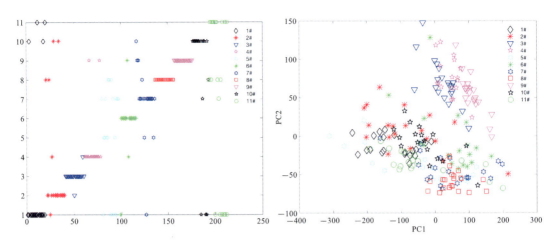

图 2-124　16 香散点图

16 香离散度及相似度见表 2-27。

表 2-27　16 香离散度及相似度

样品编号	X 轴离散度	Y 轴离散度	和总平均相似度
1	66.54	12.73	0.8000
2	105.35	26.88	0.8676
3	40.56	29.81	0.8828
4	31.30	25.30	0.8556
5	133.48	23.75	0.9109
6	74.33	42.57	0.9192
7	89.46	18.16	0.9043
8	42.91	12.47	0.8728
9	28.47	26.22	0.8023
10	66.00	23.36	0.9494
11	108.42	14.81	0.9122

25. 17 料

拉曼光谱见图 2-125。

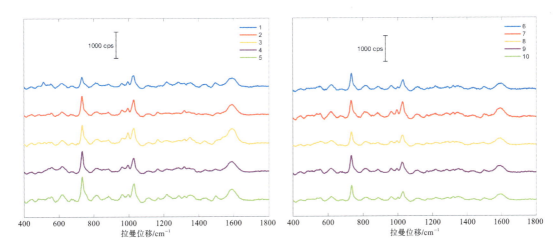

图 2-125 17 料拉曼光谱

直接判别法及主成分分析散点图见图 2-126。

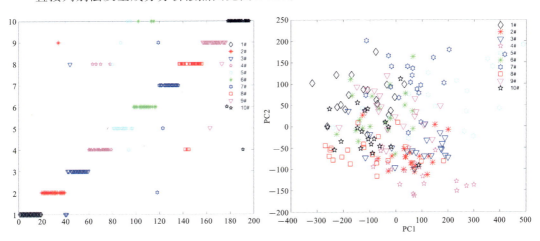

图 2-126 17 料散点图

17 料离散度及相似度见表 2-28。

表 2-28 17 料离散度及相似度

样品编号	X 轴离散度	Y 轴离散度	和总平均相似度
1	97.19	45.61	0.8325
2	76.56	37.34	0.8965
3	111.85	32.83	0.8924
4	115.82	36.89	0.8500
5	203.00	64.12	0.8000

续表

样品编号	X轴离散度	Y轴离散度	和总平均相似度
6	89.87	55.02	0.9196
7	119.74	55.65	0.8492
8	125.38	31.08	0.8544
9	100.89	43.91	0.9533
10	89.23	48.81	0.8742

26.18香

拉曼光谱见图2-127。

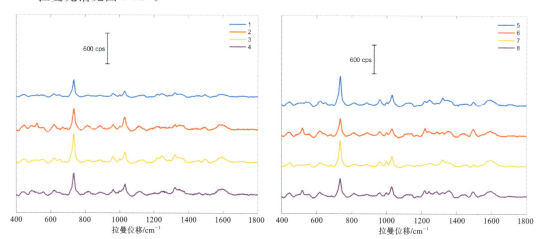

图2-127　18香拉曼光谱

直接判别法及主成分分析散点图见图2-128。

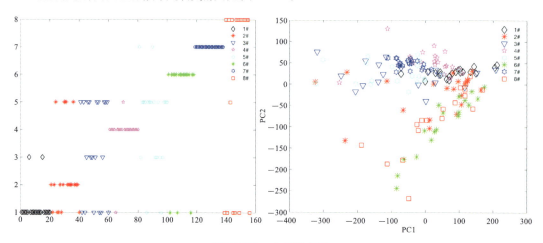

图2-128　18香散点图

18香离散度及相似度见表2-29。

表2-29　18香离散度及相似度

样品编号	X轴离散度	Y轴离散度	和总平均相似度
1	67.57	9.941	0.8337
2	140.37	46.308	0.9462
3	136.90	28.734	0.8795
4	82.03	28.193	0.8968
5	110.92	24.774	0.8323
6	80.51	69.603	0.8000
7	33.41	10.416	0.8686
8	98.73	75.600	0.8383

27. 19料

拉曼光谱见图2-129。

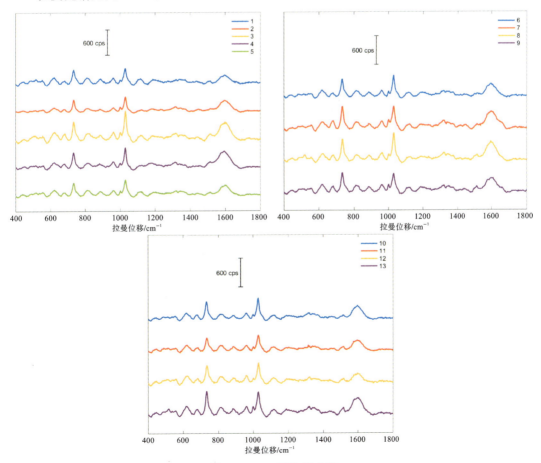

图2-129　19料拉曼光谱

直接判别法及主成分分析散点图见图2-130。

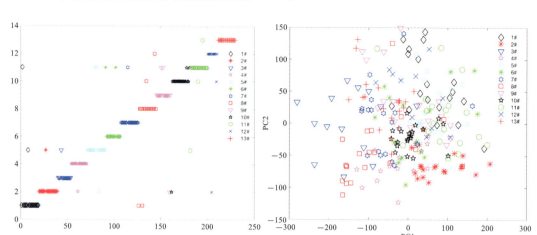

图 2-130 19 料散点图

19 料离散度及相似度见表 2-30。

表 2-30 19 料离散度及相似度

样品编号	X 轴离散度	Y 轴离散度	和总平均相似度
1	60.39	51.20	0.8899
2	56.61	20.05	0.8666
3	79.26	49.07	0.8000
4	57.27	36.90	0.9207
5	44.43	42.64	0.9182
6	73.86	51.81	0.9767
7	64.37	51.64	0.9316
8	87.97	53.07	0.8774
9	77.50	53.35	0.9509
10	40.17	19.51	0.9700
11	64.43	50.84	0.8839
12	59.50	46.97	0.9370
13	48.91	42.48	0.9080

28. 20 香

拉曼光谱见图 2-131。

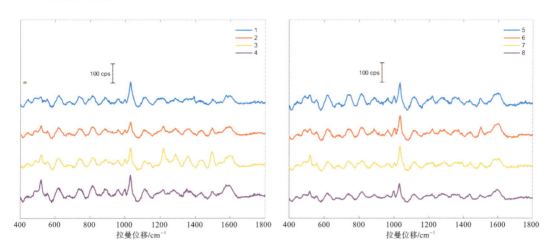

图 2-131　20 香拉曼光谱

直接判别法及主成分分析散点图见图 2-132。

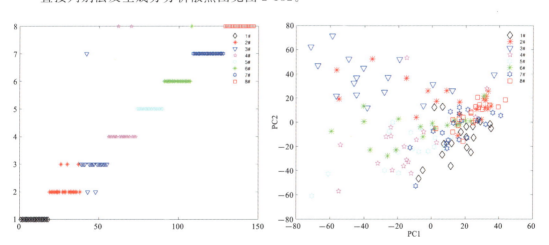

图 2-132　20 香散点图

20 香离散度及相似度见表 2-31。

表 2-31　20 香离散度及相似度

样品编号	X 轴离散度	Y 轴离散度	和总平均相似度
1	12.529	16.591	0.9136
2	29.211	14.439	0.9167
3	29.291	16.552	0.8000

续表

样品编号	X轴离散度	Y轴离散度	和总平均相似度
4	21.986	26.081	0.9077
5	22.248	16.482	0.8903
6	25.991	12.104	0.9678
7	13.726	15.407	0.9321
8	9.849	9.566	0.9007

29. 21香

拉曼光谱见图2-133。

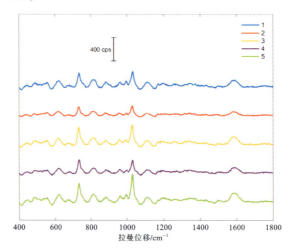

图2-133　21香拉曼光谱

直接判别法及主成分分析散点图见图2-134。

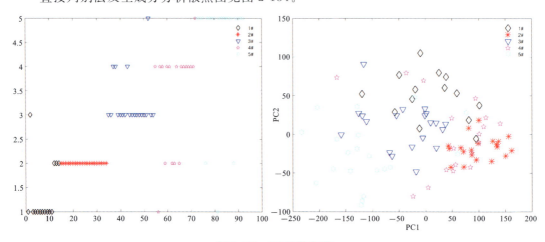

图2-134　21香散点图

21香离散度及相似度见表2-32。

表2-32　21香离散度及相似度

样品编号	X轴离散度	Y轴离散度	和总平均相似度
1	63.73	30.24	0.9123
2	37.65	15.19	0.8207
3	59.65	29.50	0.9289
4	72.80	48.27	0.9169
5	79.12	40.96	0.8000

30. 22料

拉曼光谱见图2-135。

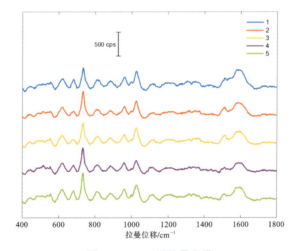

图2-135　22料拉曼光谱

直接判别法及主成分分析散点图见图2-136。

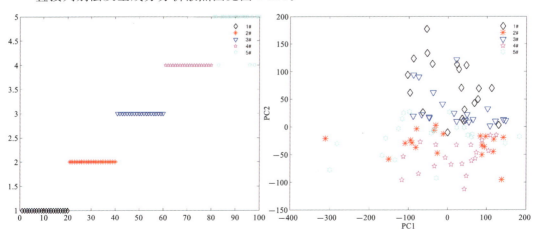

图2-136　22料散点图

22料离散度及相似度见表2-33。

表2-33 22料离散度及相似度

样品编号	X轴离散度	Y轴离散度	和总平均相似度
1	69.68	50.18	0.8000
2	119.71	22.32	0.9151
3	77.52	33.40	0.8911
4	72.90	27.45	0.8371
5	127.99	32.66	0.8473

31. 23料

拉曼光谱见图2-137。

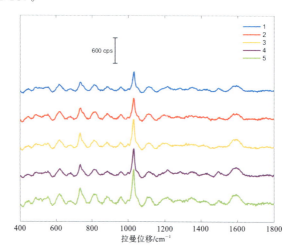

图2-137 23料拉曼光谱

直接判别法及主成分分析散点图见图2-138。

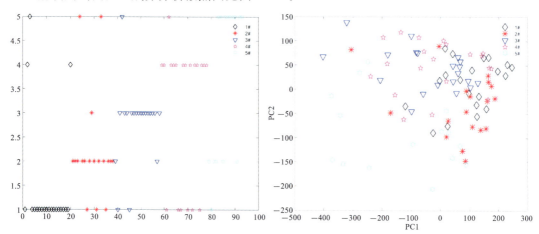

图2-138 23料散点图

23 料离散度及相似度见表 2-34。

表 2-34 23 料离散度及相似度

样品编号	X 轴离散度	Y 轴离散度	和总平均相似度
1	95.51	51.46	0.8809
2	127.28	65.03	0.9062
3	145.35	43.81	0.9302
4	132.56	52.05	0.9377
5	178.10	75.78	0.8000

32. 24 料

拉曼光谱见图 2-139。

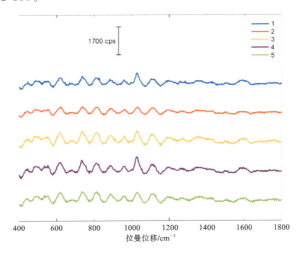

图 2-139 24 料拉曼光谱

直接判别法及主成分分析散点图见图 2-140。

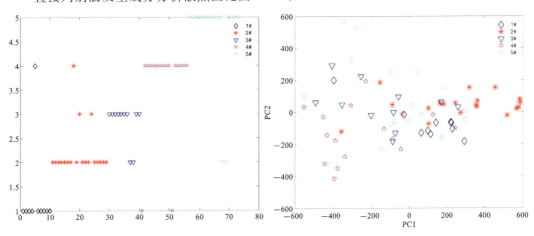

图 2-140 24 料散点图

24 料离散度及相似度见表 2-35。

表 2-35　24 料离散度及相似度

样品编号	X 轴离散度	Y 轴离散度	和总平均相似度
1	197.2	105.32	0.9144
2	266.4	72.89	0.8000
3	229.7	136.33	0.8904
4	228.4	163.74	0.8007
5	235.6	231.85	0.9311

33. 25 料

拉曼光谱见图 2-141。

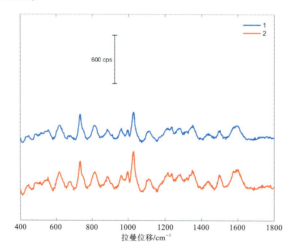

图 2-141　25 料拉曼光谱

直接判别法及主成分分析散点图见图 2-142。

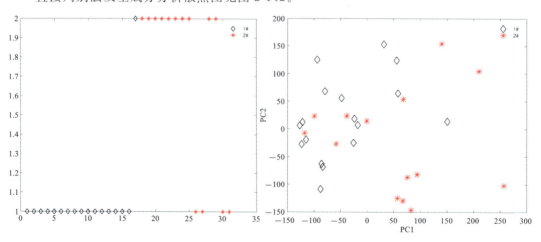

图 2-142　25 料散点图

25料离散度及相似度见表2-36。

表 2-36　25料离散度及相似度

样品编号	X轴离散度	Y轴离散度	和总平均相似度
1	78.46	72.01	0.8353
2	108.67	92.22	0.8000

34. 26料

拉曼光谱见图2-143。

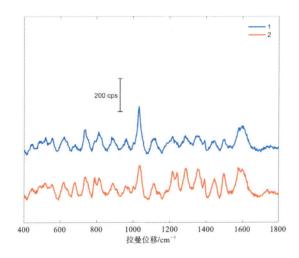

图 2-143　26料拉曼光谱

直接判别法及主成分分析散点图见图2-144。

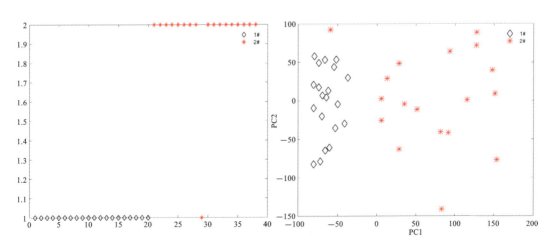

图 2-144　26料散点图

26料离散度及相似度见表2-37。

表2-37 26料离散度及相似度

样品编号	X轴离散度	Y轴离散度	和总平均相似度
1	12.82	45.18	0.82
2	60.85	61.50	0.80

35. 27香

拉曼光谱见图2-145。

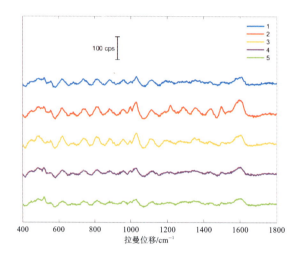

图2-145 27香拉曼光谱

直接判别法及主成分分析散点图见图2-146。

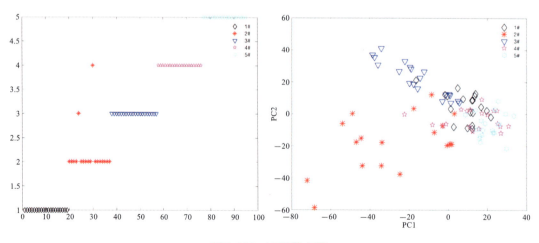

图2-146 27香散点图

27香离散度及相似度见表2-38。

表2-38　27香离散度及相似度

样品编号	X轴离散度	Y轴离散度	和总平均相似度
1	8.897	8.888	0.9400
2	25.021	17.732	0.8000
3	14.506	10.933	0.8405
4	13.724	5.858	0.9196
5	6.298	7.800	0.8674

36. 28料

拉曼光谱见图2-147。

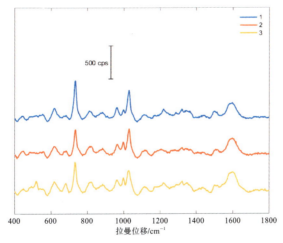

图2-147　28料拉曼光谱

直接判别法及主成分分析散点图见图2-148。

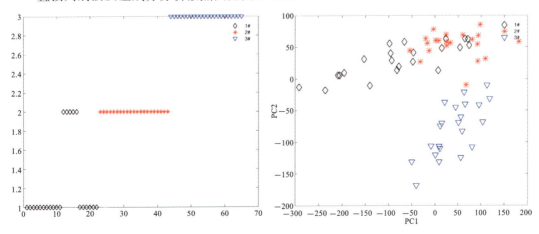

图2-148　28料散点图

28料离散度及相似度见表2-39。

表2-39　28料离散度及相似度

样品编号	X轴离散度	Y轴离散度	和总平均相似度
1	106.77	25.98	0.8125
2	58.39	20.83	0.8511
3	46.72	42.08	0.8000

37. 29料

拉曼光谱见图2-149。

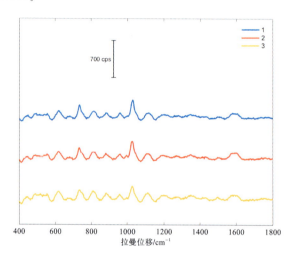

图2-149　29料拉曼光谱

直接判别法及主成分分析散点图见图2-150。

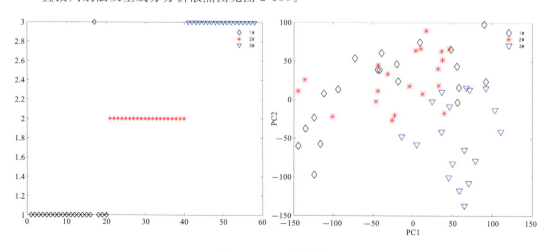

图2-150　29料散点图

29 料离散度及相似度见表 2-40。

表 2-40　29 料离散度及相似度

样品编号	X 轴离散度	Y 轴离散度	和总平均相似度
1	79.97	50.06	0.8972
2	56.74	34.08	0.9155
3	31.86	49.61	0.8000

38. 30 料

拉曼光谱见图 2-151。

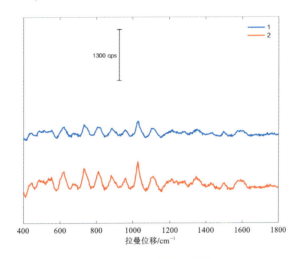

图 2-151　30 料拉曼光谱

直接判别法及主成分分析散点图见图 2-152。

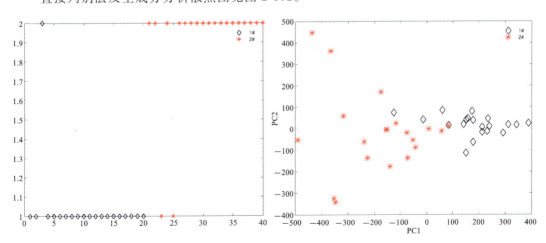

图 2-152　30 料散点图

30料离散度及相似度见表2-41。

表2-41 30料离散度及相似度

样品编号	X轴离散度	Y轴离散度	和总平均相似度
1	119.1	47.44	0.8
2	162.8	187.40	0.8

39. 31料

拉曼光谱见图2-153。

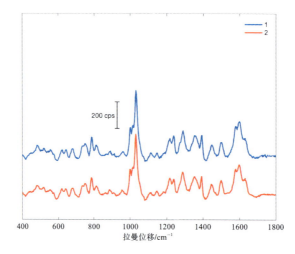

图2-153 31料拉曼光谱

直接判别法及主成分分析散点图见图2-154。

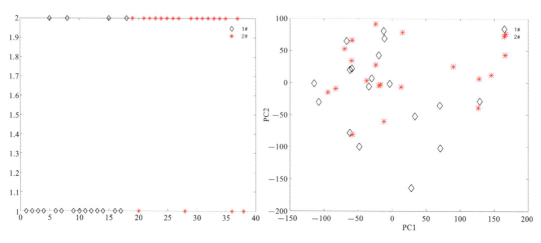

图2-154 31料散点图

31料离散度及相似度见表2-42。

表2-42 31料离散度及相似度

样品编号	X轴离散度	Y轴离散度	和总平均相似度
1	63.63	65.29	0.80
2	88.12	45.78	0.82

40. 32料

拉曼光谱见图2-155。

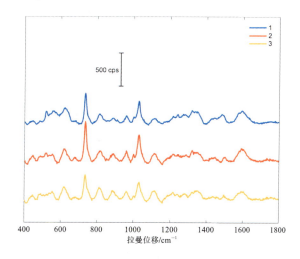

图2-155 32料拉曼光谱

直接判别法及主成分分析散点图见图2-156。

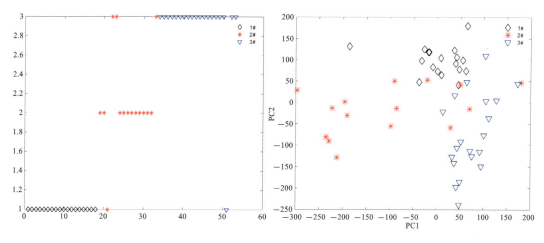

图2-156 32料散点图

32料离散度及相似度见表2-43。

表2-43　32料离散度及相似度

样品编号	X轴离散度	Y轴离散度	和总平均相似度
1	58.78	33.12	0.8141
2	139.53	56.33	0.8000
3	39.20	92.43	0.8000

41. 33料

拉曼光谱见图2-157。

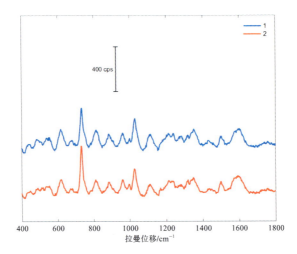

图2-157　33料拉曼光谱

直接判别法及主成分分析散点图见图2-158。

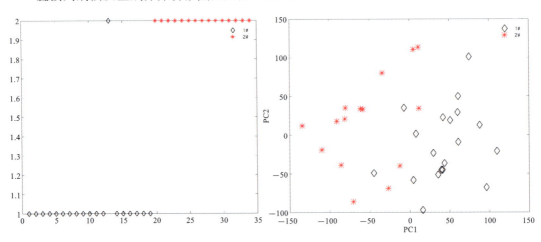

图2-158　33料散点图

33料离散度及相似度见表2-44。

表2-44　33料离散度及相似度

样品编号	X轴离散度	Y轴离散度	和总平均相似度
1	37.37	48.27	0.8421
2	45.26	59.08	0.8000

42. 34香

拉曼光谱见图2-159。

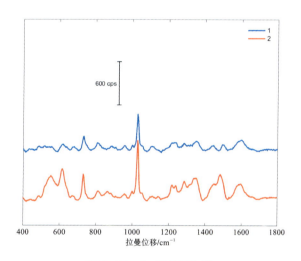

图2-159　34香拉曼光谱

直接判别法及主成分分析散点图见图2-160。

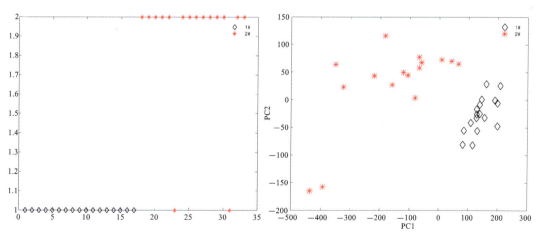

图2-160　34香散点图

34香离散度及相似度见表2-45。

表2-45　34香离散度及相似度

样品编号	X轴离散度	Y轴离散度	和总平均相似度
1	37.91	32.09	0.8118
2	154.02	78.48	0.8000

43. 35香

拉曼光谱见图2-161。

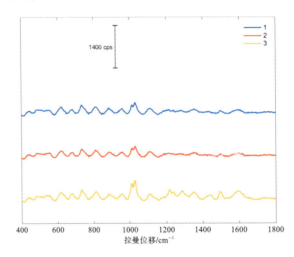

图2-161　35香拉曼光谱

直接判别法及主成分分析散点图见图2-162。

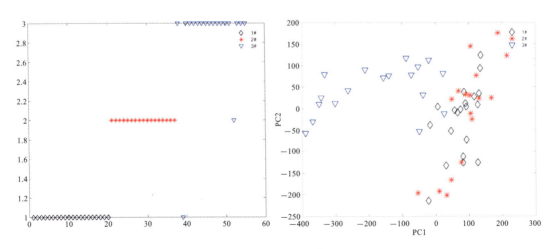

图2-162　35香散点图

35香离散度及相似度见表2-46。

表2-46 35香离散度及相似度

样品编号	X轴离散度	Y轴离散度	和总平均相似度
1	48.11	82.74	0.9081
2	66.04	121.30	0.8953
3	146.45	55.02	0.8000

44. 只有一个批次的样品

拉曼光谱见图2-163。

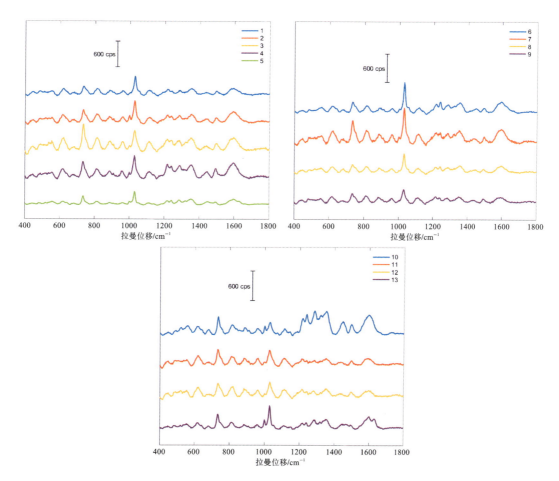

图2-163 只有一个批次的样品拉曼光谱

样品类别分别为:36 料(1)、37 料(2)、38 香(3)、39 料(4)、40 香(5)、41 香(6)、42 料(7)、43 香(8)、44 料(9)、45 料(10)、46 料(11)、47 料(12)、48 香(13)。

四、验证性试验

建立 56 类样品表面增强拉曼光谱谱库后,为验证该方法的可靠性与准确性,结合表面增强拉曼光谱与烟用香精香料物性参数(折光指数、相对密度、酸值、挥发份总量),运用 GC-MS 指纹图谱分析法、感官评价等方法对招投标异常样、盲样和掺兑样 3 类样品进行比较验证。

(一)招投标异常样

2018 年香精香料招投标中发现,有两个标段气相色谱指纹图谱相似度较低,经感官评价,认为两者之间存在一定差异。其中样品 1~3 为一组,样品 4~5 为一组(见表 2-47)。

表 2-47 招投标异常样样品信息

序号	样品名称	生产批号	与标样气相色谱指纹图谱相似度结果/(%)	感官评价	备注
1	标段 20	1711301	60.7	与标样存在差异	峰强度存在差异
2	标段 20	1807021	95.2	与标样存在差异	峰强度存在差异
3	标段 20	1810291	99.1	与标样差异不大	峰强度存在差异
4	标段 47	1712121	99.3	与标样差异不大	存在异常峰
5	标段 47	1811261	100	与标样差异不大	—

样品 1~5 气相色谱指纹图谱检测结果见图 2-164。

利用表面增强拉曼光谱,结合主成分分析法对样品 1~5 进行分析,结果见图 2-165。

直接判别法及主成分分析散点图见图 2-166。

从拉曼光谱中可以看到,样品 1、2、3 谱图出峰强度有一定区别。从散点图中可以看到,样品 1~3 和样品 4~5 分组明显。其中,样品 1~2 和样品 3 在散点图上存在一定距离,说明两者之间有一定区别。样品 4 和样品 5 在散点图上分散且存在一定距离,说明也存在差异。综上,表面增强拉曼光谱可以将样品 1~3 和样品 4~5 之间的差异进行明显表征,和气相色谱指纹图谱的检测结果一致。

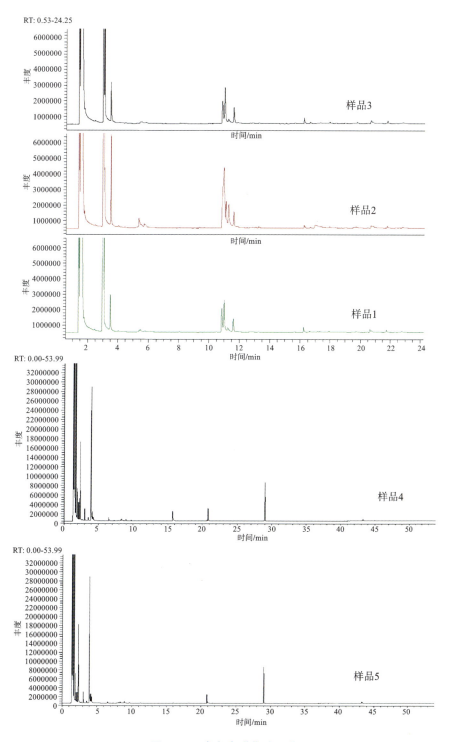

图 2-164 气相色谱指纹图谱

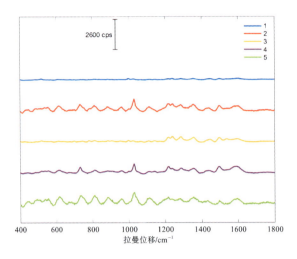

图 2-165　样品 1~5 拉曼光谱

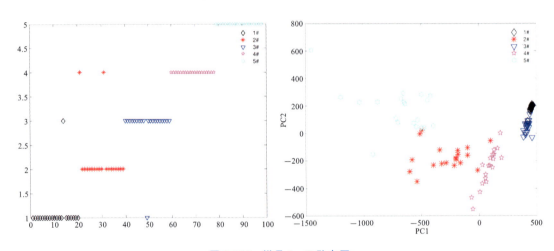

图 2-166　样品 1~5 散点图

（二）盲样

将正常生产的 4 个牌号，每个牌号 3 个批次共计 12 个样品重新编号成盲样，用表面增强拉曼光谱谱库进行匹配性验证，判别盲样属于哪一牌号。盲样样品信息见表 2-48。

表 2-48　盲样样品信息

编码序号	验证样品名称	批次
1	X3 料	190216103
2	X5 香	190214108
3	X5 香	190125109

续表

编码序号	验证样品名称	批次
4	2料	181218103
5	8香	190215111
6	X3料	190125106
7	2料	190116105
8	X5香	181215110
9	X3料	181219104
10	8香	190105109
11	8香	181208109
12	2料	190201103

将盲样(1～12)分别与56类样品的拉曼光谱进行主成分分析(见图2-167),若盲样散点与某一类别样品的散点重叠,则可以判别盲样为该类样品。

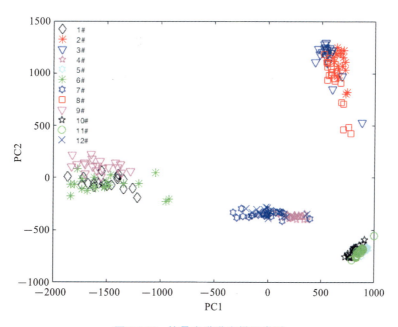

图2-167　拉曼光谱谱库样品类别

对12份盲样的拉曼光谱进行主成分分析后,将其分为4类,如表2-49所示。

表 2-49　盲样分类图

盲样类别	盲样序号	盲样类别	盲样序号
1	1		4
	6	3	7
	9		12
	2		5
2	3	4	10
	8		11

将 56 类样品与其中一类盲样进行主成分分析，得到如下图表。

图 2-168 为 56 类样品及盲样类别 1 的 PCA 散点图，共计 11823 个点，不同类别样品在图中表现为不同形状、不同颜色散点，蓝色圈表示 35 香的散点置信区域，黄色圈代表盲样类别 1 的散点置信区域。盲样类别 1 置信区域正好与 35 香置信区域重叠，所以可以判定盲样类别 1 即为 35 香。

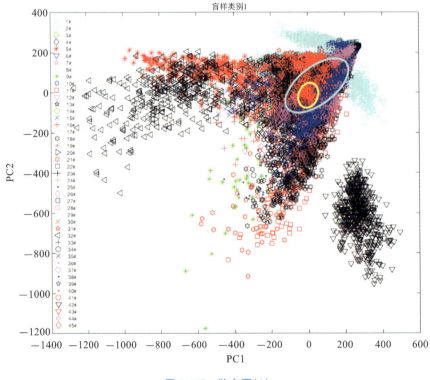

图 2-168　散点图(1)

图 2-169 为 56 类样品及盲样类别 2 的 PCA 散点图,共计 11823 个点,不同类别样品在图中表现为不同形状、不同颜色散点,黑色圈表示 X5 香的散点置信区域,红色圈代表盲样类别 2 的散点置信区域。相比之下,盲样类别 2 置信区域与 X5 香置信区域吻合程度较高,所以可以判定盲样类别 2 即为 X5 香。

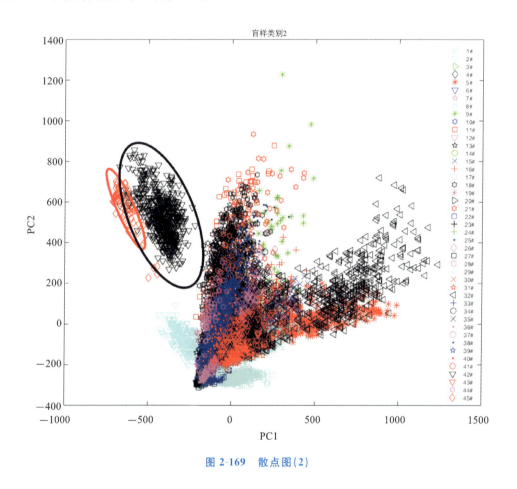

图 2-169　散点图(2)

图 2-170 为 56 类样品及盲样类别 3 的 PCA 散点图,共计 11823 个点,不同类别样品在图中表现为不同形状、不同颜色散点,白色圈表示 2 料的散点置信区域,蓝色圈代表盲样类别 3 的散点置信区域。盲样类别 3 散点置信区域与 2 料散点置信区域吻合,所以可以判定盲样类别 3 即为 2 料。

图 2-171 为 56 类样品及盲样类别 4 的 PCA 散点图,共计 11823 个点,不同类别样品在图中表现为不同形状、不同颜色散点,蓝色圈表示 8 香的散点置信区域,红色圈代表盲样类别 4 的散点置信区域。盲样类别 4 散点置信区域与 8 香散点置信区域吻合,所以可以判定盲样类别 4 即为 8 香。

12 类盲样的归类如表 2-50 所示。

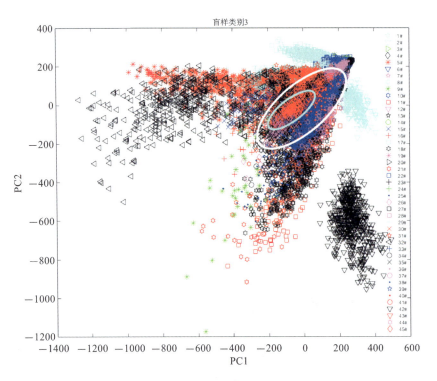

图 2-170　散点图(3)

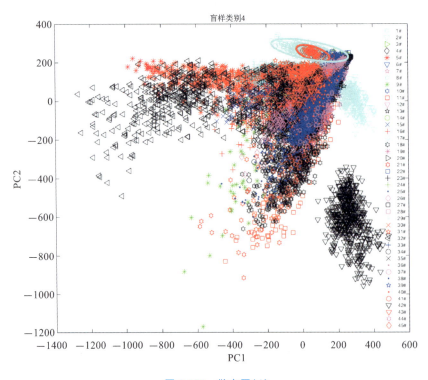

图 2-171　散点图(4)

表 2-50 12 类盲样的归类

样品类别	归类	样品类别	归类
1	35 香	7	2 料
2	X5 香	8	X5 香
3	X5 香	9	35 香
4	2 料	10	8 香
5	8 香	11	8 香
6	35 香	12	2 料

验证实验表明,除了盲样1、6、9,其他盲样都能与实际牌号相对应。盲样1、6、9对应的实际牌号为X3料,而检测结果为35香,与实际不符。说明拉曼光谱谱库还有进一步优化的空间。

(三)掺兑样

对正常生产的样品进行掺兑实验,并进行感官评价、理化性质检测和基于表面增强拉曼光谱检测的相似度检测。

将所得的拉曼光谱的积分时间归一化,采用Savitzky-Golay算法滤除光谱数据集中的背景杂波,再用差分法扣除基线,最后采用MATLAB(R2017a)软件中PCA工具包对光谱进行主成分分析,求得得分矩阵。令矩阵第一列即主成分1为X轴,矩阵第二列即主成分2为Y轴,绘制散点图。

以标样散点为基础,基于正态分布计算并绘制其置信区域,其中显著性水平为0.05。若样品散点重心落于椭圆区域外,则通过以下方法计算其与标准样的相似度。

首先计算任意组样品重心点到椭圆的最短距离:

$$D_{i,E} = \min((X_i - X_E)^2 + (Y_i - Y_E)^2)^{1/2} \tag{2-3}$$

再将距离归一化,定义为相似度:

$$S(\%) = 80(0.5 D_{i,E}/250) \tag{2-4}$$

式中:$D_{i,E}$——第i组散点重心与标准样椭圆间的最短距离;

X_i——X轴第i组的平均值;

X_E——椭圆上任意一点的X值;

Y_i——Y轴第i组的平均值;

Y_E——椭圆上任意一点的 Y 值；

S——归一化后的相似度。

12 个掺兑样的理化检测数据、感官质量评价结果及表面增强拉曼光谱结合主成分分析结果如表 2-51 和图 2-172 所示。

表 2-51 掺兑样验证性实验结果

序号	样品名称	相对密度	折光指数	酸值	感官评价	表面增强拉曼光谱相似度/(%)
1	原料 4 多加 5%	0.9131	1.3811	0.696	感官微有差异	55.88
2	原料 4 多加 10%	0.9131	1.3812	0.671	感官差异明显	67.08
3	原料 4 少加 5%	0.9128	1.381	0.67	感官差异不明显	48.11
4	原料 4 少加 10%	0.9123	1.3808	0.676	感官差异略明显	79.61
5	原料 1 少加 10%、原料 4 多加 10%	0.9104	1.3802	0.697	感官略有差异	67.97
6	原料 1 少加 5%、原料 4 多加 5%	0.9106	1.3803	0.694	感官略有差异	61.19
7	溶剂多加 10%	0.9078	1.3802	0.712	感官差异不明显	56.12
8	溶剂少加 10%	0.9354	1.3844	0.839	感官差异不明显	65.76
9	掺兑 A 原料 0.5%	0.9137	1.3813	0.753	感官差异略明显	79.64
10	掺兑 A 原料 1.0%	0.9142	1.3815	0.763	感官差异明显	60.10
11	调配中心生产错样 1	0.955	1.3984	0.926	感官差异明显	54.08
12	调配中心生产错样 2	0.978	1.3916	32.305	感官差异不明显	52.67
13	标样 1（对照）	0.9105±0.0070	1.3809±0.0040	0.35±2.0		

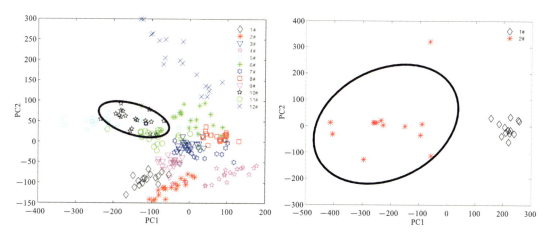

图 2-172　掺兑样散点图

可以发现,除了样品 11、12 相对密度超过允许误差,掺兑后的样品相对密度、折光指数、酸值等理化指标变化基本都在允许误差范围内;12 个掺兑样与标样相比,感官差异也不是非常明显,但从基于表面增强拉曼光谱结合主成分分析方法计算的相似度数值可知,均小于 80%,可以明显区分出来。

(四) 气相色谱验证实验

将不同种类的三种香精香料(1#(8 香)、2#(L5 香)、3#(3 料))、同种类不同生产批次的香精香料(1#(8 香-1)、1#2(8 香-2)、1#3(8 香-3))和不同比例的掺兑的香精香料(4#标样、4#1(原料 4 多加 5%)、4#2(原料 4 多加 10%)、4#3(生产错样1))按照表面增强拉曼光谱检测与气相色谱检测两种方法进行比较验证。

烟用香精香料的气相色谱检测方法如下。

①烟用香精香料前处理方法:在干净试管中,用分析天平准确称取 2 g 香精香料。准确称量 0.025 g 内标(十七烷酸甲酯)于 50 mL 容量瓶中,用二氯甲烷定容至刻度线,摇匀。将氯化钠加入含蒸馏水的烧杯中至饱和,待用。分别移取 1.8 mL 二氯甲烷溶液(含内标)和 0.2 mL 无水乙醇至含样品的试管中,摇匀。再移取 2 mL 饱和氯化钠溶液至含样品和萃取剂的试管中,摇匀。超声萃取 15 min,离心 10 min。用巴氏滴管吸取二氯甲烷层溶液(底层)至自动进样瓶中保存,待测。

②色谱进样条件:色谱柱为 DB-17 毛细管柱((50%-苯基)-甲基聚硅氧烷,中等极性,30 m×0.25 mm×0.25 μm);程序升温条件为初温 50 ℃,以 5 ℃/min 升至 270 ℃,保持 10 min;进样口温度为 270 ℃;检测器(FID)温度为 270 ℃。

③成分定性及相似度计算:使用标准谱图对其进行定性区分,采用内标法同时结合面积归一化法来进行相似度计算,即待测香精相似度(%)=(待测香精所有特征峰面积×标准谱中内标峰面积)/(标准谱中该待测香精所有特征峰面积×待测香精内标峰面积)×100。

(五)不同种类的三种香精香料气相色谱和表面增强拉曼光谱比较

按照上述方法,对不同种类的三种香精香料(1#(8香)、2#(L5香)、3#(3料))进行前处理和检测分析,得到的色谱分析图如图 2-173 所示,详细的保留时间和积分面积如表 2-52 所示。

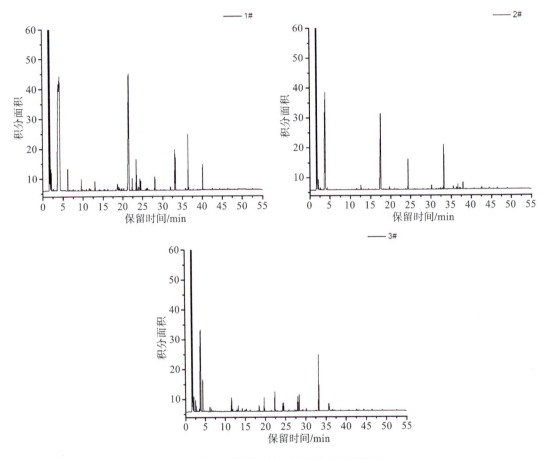

图 2-173　三种不同香精香料的色谱分析图

表 2-52　三种不同香精香料的色谱分析结果

	组分	1	2	3	4	5	6	7	8	9	10	11 (内标)	12	13
1#	保留时间/min	6.19	9.58	12.98	21.60	22.40	23.42	24.35	24.55	28.07	33.09	33.21	36.46	40.14
	积分面积	18.74	11.55	9.67	423.71	15.81	44.52	15.61	12.46	17.92	53.15	48.77	76.24	34.74

续表

	组分	1	2	3	4	5	6	7（内标）	8
2#	保留时间/min	4.36	11.62	19.72	22.33	28.06	28.41	33.22	35.73
	积分面积	30.71	28.23	22.64	33.57	18.87	24.13	79.88	21.42
	组分	1	2	3	4（内标）	5			
3#	保留时间/min	3.90	17.53	24.36	33.23	37.95			
	积分面积	461.64	261.55	45.81	58.95	33.58			

由图 2-173 和表 2-53 可知，根据不同种类的香精香料的不同组分的保留时间，可以直接对不同的香精香料进行区分，从而对不同种类的香精香料进行质量控制。

8 香拉曼光谱见图 2-174。

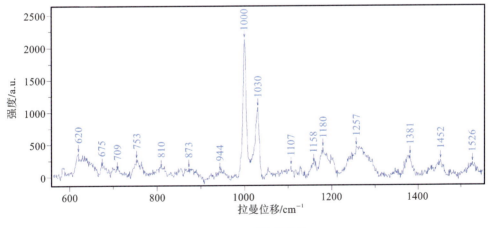

图 2-174　8 香拉曼光谱

L5 香拉曼光谱见图 2-175。

3 料拉曼光谱见图 2-176。

（六）同种类不同生产批次香精香料气相色谱和表面增强拉曼光谱比较

同种类不同生产批次的香精香料(1#(8 香-1)、1#2(8 香-2)、1#3(8 香-3))的色谱图及分析结果如图 2-177 和表 2-53 所示，拉曼分析图见图 2-178，相似度结果见表 2-54。

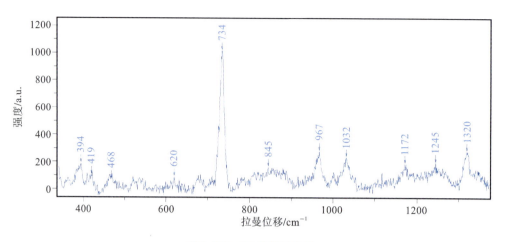

图 2-175 L5 香拉曼光谱

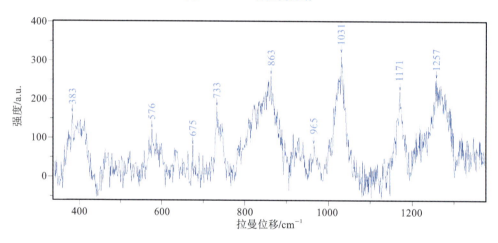

图 2-176 3 料拉曼光谱

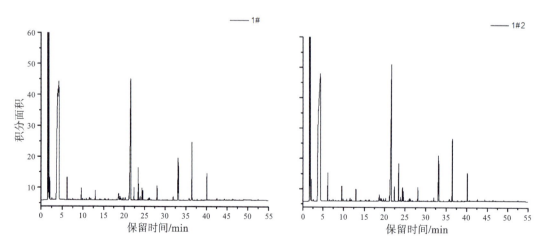

图 2-177 8 香三个不同生产批次的色谱图

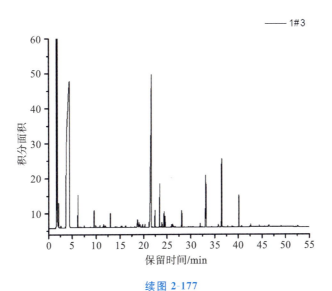

续图 2-177

表 2-53 8香三个不同生产批次的分析结果

	组分	1	2	3	4	5	6	7	8	9	10	11（内标）	12	13
1#1	保留时间/min	6.19	9.58	12.98	21.60	22.40	23.42	24.35	24.55	28.07	33.09	33.21	36.46	40.14
	积分面积	18.74	11.55	9.67	423.71	15.81	44.52	15.61	12.46	17.92	53.15	48.77	76.24	34.74
	组分	1	2	3	4	5	6	7	8	9	10	11（内标）	12	13
1#2	保留时间/min	6.18	9.57	12.98	21.65	22.42	23.44	24.37	24.57	28.09	33.11	33.23	36.49	40.17
	积分面积	23.93	14.94	26.92	499.80	19.20	55.29	30.81	12.93	17.91	57.47	52.26	81.05	35.13

续表

组分		1	2	3	4	5	6	7	8	9	10	11（内标）	12	13
1#3	保留时间/min	6.19	9.58	12.98	21.65	22.42	23.44	24.38	24.58	28.09	33.12	33.23	36.49	40.17
	积分面积	24.37	14.93	13.05	490.55	18.91	54.99	30.00	12.49	17.70	55.83	50.73	78.36	34.59

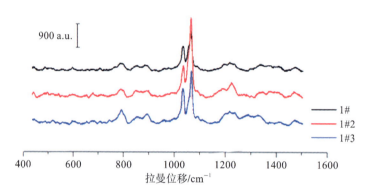

图 2-178 8 香三个不同批次的拉曼分析图

表 2-54 8 香三个不同批次的相似度结果

样品名称	色谱相似度结果	拉曼光谱相似度结果
1#(8 香-1)	100%	100%
1#2(8 香-2)	89.86%	83.65%
1#3(8 香-3)	90.29%	95.14%

从气相色谱图的保留组分和积分面积上看，三个不同生产批次的 8 香基本一致，以 1# 样为标样，计算色谱相似度结果在 90% 左右。从拉曼光谱上也可以发现，8 香三个不同批次的光谱出峰位置和峰强度基本一致。色谱相似度结果显示 1#3 样与 1# 样更接近，与拉曼光谱的相似度结果一致。

（七）4# 掺兑样气相色谱和表面增强拉曼光谱比较

按照上述方法，对不同比例的掺兑的香精香料（4# 标样、4#1（原料 4 多加 5%）、4#2

(原料4多加10%),4#3(生产错样1))进行前处理和检测分析,得到的色谱图见图2-179,色谱分析结果如表2-55所示。

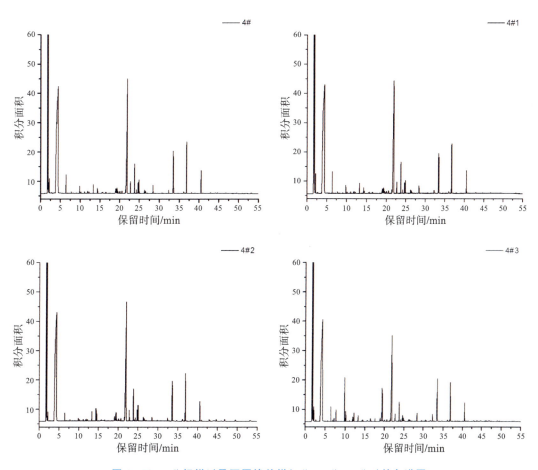

图 2-179　4#标样以及不同掺兑样(4#1、4#2、4#3)的色谱图

表 2-55　4#标样以及不同掺兑样(4#1、4#2、4#3)的色谱分析结果

	组分	1	2	3	4	5	6	7	8	9	10（内标）	11	12	13
4#	保留时间/min	6.42	9.86	13.29	21.92	22.74	23.76	24.70	24.92	28.42	33.47	33.56	36.85	40.53
	积分面积	16.10	7.06	9.62	416.42	15.53	32.25	14.60	16.15	10.33	56.17	44.46	70.41	29.10

续表

组分		1	2	3	4	5	6	7	8	9	10（内标）	11	12	13
4#1	保留时间/min	6.42	9.84	13.26	21.90	22.72	23.74	24.67	24.89	28.39	33.44	33.53	36.82	40.51
4#1	积分面积	19.04	8.26	10.89	415.03	15.58	39.37	14.01	15.19	9.64	51.81	44.29	67.05	28.66
4#2	保留时间/min	6.45	13.35	14.40	14.55	22.00	22.82	23.84	24.79	25.00	33.55	33.63	36.92	40.61
4#2	积分面积	6.85	9.81	14.07	11.15	415.89	14.30	45.19	14.30	19.39	51.33	41.93	62.24	24.72
4#3	保留时间/min	6.45	7.74	13.31	9.90	19.37	19.48	21.87	23.76	28.43	33.47	36.84	40.54	
4#3	积分面积	18.59	14.06	6.14	46.06	50.88	38.14	252.10	23.74	9.89	56.26	49.19	23.72	

图 2-180(a)为标准样品及三份不同掺兑样的增强拉曼光谱，图 2-180(b)为上述四份样品的主成分分析散点图。

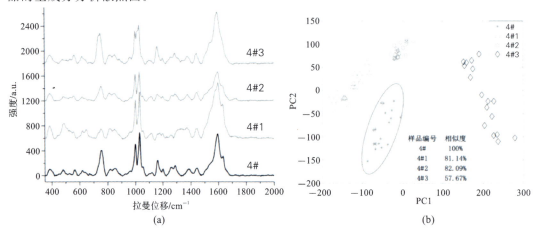

图 2-180 四份样品的增强拉曼光谱及主成分分析散点图

标样以及不同掺兑样的相似度结果见表 2-56。

表 2-56　4#标样以及不同掺兑样的相似度结果

样品名称	色谱相似度结果	拉曼相似度结果
4#	100%	100%
4#1(原料 4 多加 5%)	105%	55.88%
4#2(原料 4 多加 10%)	104.5%	67.08%
4#3(生产错样 1)	74.7%	54.08%

根据色谱分析结果可知,烟用香精香料 4#1、4#2、4#3 的主成分数量一致,保留时间相似,同时积分面积也相差不大,说明 4#系列的 3 个混合物是同种混合物。

由图 2-180 可知,由于不同掺兑样所含原料比例不同,获得的拉曼信号存在较大差异。通过使用主成分分析技术,得到如图 2-180(b)所示的主成分分析散点图,计算相似度后,发现不同掺兑样和标样的相似度存在差异。与标样相比,4#3(生产错样 1)拉曼相似度差异最大,与色谱相似度结果一致。该色谱分析结果和表面增强拉曼光谱分析的结果一致,说明表面增强拉曼光谱的方法适用于该体系。

第四节　表面增强拉曼光谱对烟用香精香料的展望

一、技术关键和创新点

研究首次利用表面增强拉曼光谱技术来对烟用香精香料进行检测,同时结合了化学计量学(主成分分析方法)来对烟用香精香料进行质量判定。在国内外的同类研究中,利用表面增强拉曼光谱技术对烟用香精香料进行质量控制的相关研究暂时还未见报道。

二、当前运用及存在不足

研究利用表面增强拉曼光谱技术,对浙江中烟调配中心配制的 56 个牌号的香精香料进行了检测并建立了拉曼光谱谱库,并利用主成分分析法对不同生产批次样品进行计算,将光谱提取主要特征量后计算其得分矩阵,绘制为散点图,计算不同生产批次样品与标准样置信区域之间的距离并归一化,将光谱之间的差异进行量化,并将差异量化为不同生产批次之间的相似度值。该方法具有快速、灵敏等特点,目前已在调配中心品质检测中应用,能较好地对不同批次样品间是否存在差异、样品合格与否进行判定。

因生产计划,只有43种牌号建立了较完整的表面增强拉曼光谱,36料、37料、38香、39料、40香、41香、42料、43香、44料、45料、46料、47料、48香只有一个样品,待后续补充完善。

在盲样验证中,盲样1、6、9对应的实际牌号为X3料,而检测结果为35香,与实际不符。因此需要进一步优化基于主成分分析法的相似度评价方法。

三、未来探索

在该研究中应用的拉曼光谱仪是大型仪器,而将大型拉曼光谱仪应用到生产中还存在一些困难。因此需要进一步研究发展自动化装置,将表面增强拉曼光谱技术和生产相结合。

在之后的实验中可以进一步探索如何将便携式拉曼光谱仪甚至是手持式拉曼光谱仪应用在实际生产中,从而提升生产效率。

第三章

高分辨质谱仪(Orbitrap-MS & TOF-MS)技术

第一节 高分辨质谱仪的基本原理

一、高分辨质谱仪的基本概念

质谱仪凭借其优异的定性能力,在有机合成、化工、食品、药品、生命科学、法证等多个领域都得到了广泛的应用。随着科学技术的不断发展,人们对质谱仪的要求也不断提高,而衡量质谱仪性能的一项重要指标就是其质量分辨率。

质谱仪一般由以下几个模块构成:进样系统、离子源、聚焦系统、质量分析器以及检测器,如图 3-1 所示。在真空系统内部,离子源部分不是必需的。

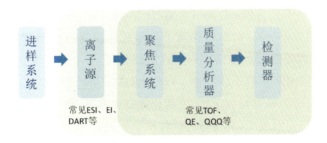

图 3-1 质谱仪结构示意图

其中,进样系统、离子源、聚焦系统以及检测器的优化,可显著提升质谱仪的灵敏度,满足痕量物质检测的需求。而关于分辨率的提升，一般都需要通过对质量分析器进行改进来实现。

质谱仪的分辨率可以反映离子质量数测定的准确程度，是衡量质谱仪性能的一个重要指标。由于自然界中各元素及其天然同位素的相对原子质量并不是整数，其形成的离子的相对质量也不是整数，因此质谱的分辨率越高，对离子质量数（尤其是小数点之后的几位）的测定越准确，越能精确推算离子的元素组成，从而有助于推导分子的组成。举例而言，1,1-二氟乙烯（$C_2H_2F_2$，$m/z=64.0341$）与二氧化硫（SO_2，$m/z=64.0638$），这两种化合物在低分辨质谱仪检测时，显示的质量数均为64，无法进行区分；而由于高分辨质谱仪的检测精度能达到小数点后多位，因此可以对这两种化合物进行区分。目前常见的高分辨质谱仪的分辨率可以达到10000以上，部分可以达到500000，基本可以满足从质量数到离子组成的推导需要。

需要注意的是，分辨率与灵敏度是不同的概念，并不是灵敏度高的质谱仪就可以认为是高分辨质谱仪。一个非常典型的例子就是三重四极杆串联质谱仪（QQQ），其通过二级质谱的测定和特定碎片离子的选择可显著提升待测物的选择性，从而提升灵敏度。商品化的QQQ的灵敏度可以优于飞行时间、静电场轨道阱等高分辨质谱仪，但由于四极杆质量分析器只能检测到质量数的整数位，因此其分辨率仍然不高。再者，QQQ的高灵敏度体现在其选择性的MRM扫描方式上，与一般高分辨质谱仪的全扫描模式有一定差异，因此一般不认为QQQ是高分辨质谱仪。

二、高分辨质谱仪的分类及其基本原理

目前一般认为，四极杆、轨道阱等质量分析器属于低分辨质谱仪，飞行时间、静电场轨道阱、傅里叶变换离子回旋共振等质量分析器属于高分辨质谱仪。这里主要介绍飞行时间与静电场轨道阱两种高分辨质谱仪的原理及其特点。

（一）飞行时间质谱仪

飞行时间质谱仪（time of flight mass spectrometer，TOF-MS）的基本工作原理是基于动能相同的不同质量数的离子移动相同距离时所需时间不同，从而对离子进行分离和检测。

最初的飞行时间质谱仪为线型，即在离子聚焦进入质量分析器前，通过电压差对离子施加相同能量，使得离子能够在飞行管中加速向前飞行，并在飞行管的终点对离子进行检测，记录离子飞行所需时间与离子的数量。理论上，在施加动能相同的情况下，离子到达检测器的时间与其质荷比的平方根成正比，质荷比越高的离子，其飞行速度越慢，到达检测器的时间越长；质荷比相同的离子，其飞行时间相同，可同时到达检测器。因此只需要利用校正液对飞行时间与质荷比的关系进行校正，即可换算得到离子的质荷比。然而在实际操作中，由于电压差对离子的加速作用，无法保证各离子获得完全一致的动能，因此就算质荷比相同的离子，其到达终点的时间仍会呈现出一定的差异，造成质谱仪分辨率的下降。

为了改善这一现象,目前商品化的飞行时间质谱仪一般为反射型飞行时间质谱仪。反射型飞行时间质谱仪在飞行管的末端添加了一组静电场反射镜,所有离子经过静电场反射镜后会转向飞回飞行管的起点,将检测器置于飞行管起始端,即可完成对离子的检测。与线型飞行时间质谱仪相比,反射型飞行时间质谱仪一方面通过增加飞行距离来进一步提升分辨离子的能力,另一方面通过静电场反射镜可以显著优化聚焦离子的能力。对于离子聚焦能力的优化,其原理可理解为,尽管相同质荷比的离子由于初始动能有微量差异而导致飞行速度有微小差异,但在经过静电场反射镜时,速度较快的离子会在静电场区域飞行较远的距离后再完成转向,速度较慢的离子则在较近的位置即可完成转向,从而保证质荷比相同的离子到达检测器的时间一致。反射型飞行时间质谱仪的发明,显著提升了飞行时间质谱仪的分辨率,反射型飞行时间质谱仪由此成为最常见的高分辨质谱仪之一。目前商品化的飞行时间质谱仪,其飞行管采用竖直方向较多。

总体而言,飞行时间质谱仪具有检测速度快、扫描范围宽、灵敏度高、离子传输效率高等特点,其灵敏度可以与QQQ仪器的MRM扫描模式相当,并且从理论上说,只要分析时间够长,离子质荷比没有检测上限。根据其检测原理,飞行时间质谱仪可以实现正、负两种模式的扫描,普适性好,普遍的飞行时间质谱仪扫描范围可以覆盖50~40000 Da,可满足代谢组学检测需求。但是,飞行时间质谱仪本身仍存在比较明显的缺点,包括稳定性不够、线性范围较窄、无法直接完成二级质谱等。稳定性方面,飞行时间质谱仪受温度、湿度等因素影响较大,其要求的校正频率较高,对于精确度要求较高的实验,往往几个小时即需要进行一次校正工作。线性方面,尽管商业化的仪器以及部分研究工作均报道了较好的线性范围,但在实际工作中,其线性一般仅可覆盖约2个数量级,对于定量检测以及超限量预判工作的开展有一定挑战性。受限于检测原理,飞行时间质谱仪本身无法实现二级质谱的检测。目前,对于商业化的仪器,一般在飞行时间质量分析器前加装一个四极杆质量分析器,首先通过四极杆进行母离子的质量筛选,随后经碰撞池中惰性气体碎裂后,再通过飞行管进行二维质谱的扫描。

目前,飞行时间质谱仪在食品、药品、烟草等多个领域都得到了广泛的应用,若配合MALDI、DESI等离子源使用,还能实现质谱成像的功能。

(二)静电场轨道阱质谱仪

静电场轨道阱质谱仪(electrostatic field orbitrap mass spectrometry,以下简称Orbitrap-MS)商品化的时间较晚,相比于时间飞行质谱仪,其有更高的分辨率。

静电场轨道阱质谱仪的工作原理与傅里叶变换回旋共振质谱仪类似,其核心部件是一个纺锤形的捕获离子的轨道阱,在中心电极以及外侧的两个半电极均可施加电压。离子进入轨道阱后,其运动轨迹可以分解为垂直与水平两个方向。在垂直方向上,中心电极上开始通直流电,形成一个几何形状的静电场,使得离子可以围绕中心电极进行旋转,中心电极施加的电压与离子极性相反,电极与离子间的作用力与离子旋转所需的向心力达到平衡形成圆周运动,并且质荷比越大的离子需要越大的旋转半径。在水平方向上,离子阱外侧两个半电极也会施加电压形成静电场,对离子形成一定推力,导致离子除了做圆周运动,还会在水平方向做往复运动。两种运动方式叠加后，离子在离子阱内形成类似螺旋运动，并被限制在一定的运行轨道内。无论垂直方向还是水平方向，离子的运动轨迹均可产生可测量电流，即瞬变频率，通过图像检测电流，即可达到质谱检测的目的。由于垂直方向离子围绕中心电极旋转的频率不仅与质荷比有关，还与离子进入离子阱时的初动能有关，因此该方向上相同质荷比的离子也会在质谱图上形成一定的分布，一定程度上降低了质谱的分辨率；而水平方向上的振荡频率则几乎完全由离子的质荷比决定，因此目前商品化的静电场轨道阱质谱仪一般都通过检测水平方向上的瞬变频率，来实现离子质荷比的检测。

静电场轨道阱质谱仪采集信号的方式与傅里叶变换回旋共振质谱仪类似，检测到的信号经过快速傅里叶变换转化为直观的质谱图。相比傅里叶变换回旋共振质谱仪，静电场轨道阱质谱仪虽然分辨率略低，但其结构简单，操作及维护简便，对实验人员要求较低，并且成本及造价也更合理，因此静电场轨道阱质谱仪目前已经成为主流的高分辨质谱仪之一。

从原理来看，静电场轨道阱质谱仪具有分辨率高、稳定性好、灵敏度高的特点，其分辨率可以达到 480000 以上，并且在对静电场轨道阱质谱仪进行校正后，其可以在较长时间内保持质量轴的稳定。但静电场轨道阱质谱仪也存在一定的缺点，受限于检测原理，其能检测的质量数范围较窄，并且其分辨率随着离子质荷比的上升会有一定程度的下降。与飞行时间质谱仪相同，目前商业化的仪器会在轨道阱质量分析器前加装一个四极杆质量分析器，通过四极杆进行母离子筛选，随后经碰撞池中惰性气体碎裂后，再通过轨道阱进行二维质谱的扫描，从而提升检测能力。

目前，静电场轨道阱质谱仪在食品、环境、药物等多个领域都有广泛应用。

（三）飞行时间质谱仪与静电场轨道阱质谱仪的比较

首先，静电场轨道阱质谱仪在分辨率上优于飞行时间质谱仪，可以认为静电场轨道阱质谱仪的质量精度更高。静电场轨道阱质谱仪的分辨率可以达到 100000 以上，而飞行时间质谱仪一般不会超过 50000，即静电场轨道阱质谱仪在质量数上的偏差可以稳定地小于 5×10^{-6}，而飞行时间质谱则一般小于 20×10^{-6}。

其次，静电场轨道阱质谱仪的稳定性相对较好，受外界因素影响较小（而温度对飞行时间质谱仪影响较大，一般需要在恒温条件下进行检测），一般校正一次后可以在一段时间内保持质量轴的稳定。

在检测时，受限于检测原理，飞行时间质谱仪在检测浓度较高的样品时可能会出现化合物峰过载的情况，并且在过载时可能会导致质量轴小范围飘移，因此飞行时间质谱仪在定量检测方面的应用较少。而静电场轨道阱质谱仪则可在保持全扫描模式下仍表现出不错的线性关系。

这两种质谱仪对于质荷比的扫描范围存在一定差异。随着离子质荷比的上升，静电场轨道阱质谱仪的分辨率会有一定程度的下降，而飞行时间质谱仪可在较宽的质荷比范围内维持恒定的分辨率。因此，一般认为静电场轨道阱质谱仪理想的扫描范围在 5000 Da 以下，而飞行时间质谱则可达到 10000 Da 以上，更适用于大分子物质的检测分析。

第二节 高分辨质谱仪的优点

与低分辨质谱仪相比,高分辨质谱仪的优势在于质量数测量的精确程度,因此一般高分辨质谱仪在分析时主要采用全扫描的模式,而在二级质谱应用中则根据实际需要采用不同的二级碎裂方式。全扫描的采集模式,使得高分辨质谱仪在高通量检测、快速筛查、组学分析等方面有明显的优势。

一、高通量检测

高分辨质谱仪在质量数测量方面的高精度,使得其作为色谱的检测器,比一般的检测器具有更高的选择性,在灵敏度上有显著的提升。因此,相比普通的气相色谱仪、液相色谱仪或者气质联用仪、液质联用仪,高分辨质谱仪对于前端色谱的分离程度要求非常低,色谱的低分离度的劣势可以通过质谱端的高精度来弥补。这也就意味着,一方面,利用高分辨质谱仪进行的普通分析对前处理要求非常低,通过简单的液体萃取或者固相微萃取即可完成采样;另一方面,对色谱端的分离要求也显著降低,即气相色谱的升温程序以及液相色谱的流动相梯度等条件的优化,通过简单处理即可完成。

高通量分析的典型应用实例包括在线实时分析、多化合物同时检测等。在线实时分析不仅免去了常见的前处理步骤带来的损失,而且采样即进样的操作方式,可以显著提升工作效率,为后续全自动化实验流程带来可能。检测的分析方法则主要是针对复杂基质原本迥异的前处理操作进行合并处理,利用高分辨质谱仪的高选择性及灵敏度来提升检测能力。同时检测一般涉及定量检测分析,Orbitrap 高分辨质谱仪在同时检测的应用案例更多。

二、快速筛查

快速筛查的主要工作流程是对待测样品进行全扫描分析后,通过质谱库的比对,得出匹配程度,从而推断待测样品中是否含有目标化合物。快速筛查工作可分为靶向筛查、非靶向筛查两种,其区别主要在于靶向筛查一般利用自行建立的化合物数据库进行较小范围的搜索匹配,而非靶向筛查则一般无主要目标,利用商品化的数据库进行匹配检索。

一般而言,基于高分辨质谱仪的快速筛查分析主要应用于复杂体系、多种成分的同时筛查。由于高分辨质谱仪可实现精确的质量数分析,其对样品前处理以及色谱的分离程度要求较低,因此一般采用简单的溶剂萃取以及简易的色谱条件即可完成样品分析。总体而言,基于高分辨质谱仪的快速筛查方法,其优点在于实验前处理方式简单,可将检测时间压缩至半小时以内。此外，由于采用了全扫描的方式，实验数据可满足后期追溯的需求，即使后期新增了化合物筛查需求，也不用重新进样采集数据。

不过，快速筛查方法也有一定的局限性。对于靶向筛查而言，为了建立准确的自用高分辨质谱库，一般需要化合物标准品，而部分没有标准品或者因各种原因无法获得标准品的普通用户较难完成数据库的建立。其次，不同的高分辨质谱仪（包括同一类型不同厂家），其高分辨质谱图也会有一定差异，比如各碎片离子的丰度，因此数据库的通用性需要进行验证。再者，尽管数据的前处理以及采集方式简单，但后续数据的处理需要一定的实验经验，对于初学者有一定的难度。对于非靶向筛查而言，工作中对于数据处理的要求更高，尤其是对后续化合物结构的推断需要一定的仪器分析知识积累。非靶向分析有时需要对前处理、色谱条件进行必要的优化，确保不同样品间峰对齐工作的准确。

目前，基于高分辨质谱仪的快速筛查在农药残留检测、兽药残留检测、环境污染检测、毒物分析等领域应用较多，部分方法已经形成相关标准。

三、组学分析

组学分析某种意义上也可以认为是一种非靶向分析方法，对高分辨质谱仪而言，其主要工作就是利用全扫描模式，得到样品准确的质量数信息，后续利用数据处理软件对样品进行差异分析，进一步找到差异化合物，从而获得组学数据。传统的质谱仪受限于质量精度、灵敏度，只能进行简单的差异分析，比如指纹图谱分析，而对差异化合物的探究则束手无措。高分辨质谱仪对指纹图谱可以实现快速、高通量的差异化分析，同时利用其高质量精度可以进一步深入探究差异化合物，满足高层级的组学分析要求。目前组学分析在烟草相关的生物样本分析、吸烟与健康领域已经有较多的应用。

总体而言，高分辨质谱仪的发展不断提升了科研水平，尤其是现在商品化的高分辨质谱仪（主要是 Q-TOF、QE 等）的稳定性、可操作性不断提升，对用户的要求也不断降低，且满足了对化合物精确分析的实验需求，在越来越多的领域得到了广泛应用。

第三节　高分辨质谱仪在卷烟工业中的应用

一、烟气成分的在线实时分析

通过特定的离子源耦合飞行时间质谱仪（TOF-MS）、静电场轨道阱质谱仪（Orbitrap-MS）等高分辨质谱仪，可以不经前处理和色谱分离，实现卷烟烟气成分的在线实时分析。

相对于传统方法,实时在线分析在逐口烟气释放领域具有较大的优势。

D.J. Phares 等利用化学电离-飞行时间质谱(CI-TOF-MS)技术对卷烟主流和侧流烟气样品进行了分析。烟气中粒相成分被镍铬丝吸附材料富集,而气相成分则得到实时分析。在气相分析完成后立即对粒相热解析进行质谱分析。除尼古丁外,在侧流烟气样品中检测到的气相成分包括苯、甲苯、异戊二烯、吡啶、3-乙烯基吡啶、二甲苯、萘、异喹啉等。主流烟气样品呈现出不同的特征,主要由乙醛、丙酮、吡咯、吡咯啉、吡咯烷和酚类主导。图3-2 为侧流烟气气相成分的高分辨质谱谱图。图3-3 为主流烟气气相成分的高分辨质谱谱图。图3-4 为侧流烟气粒相成分的高分辨质谱谱图。图3-5 为主流烟气粒相成分的高分辨质谱谱图。

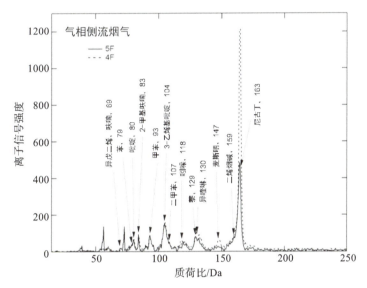

图 3-2 侧流烟气气相成分的高分辨质谱谱图

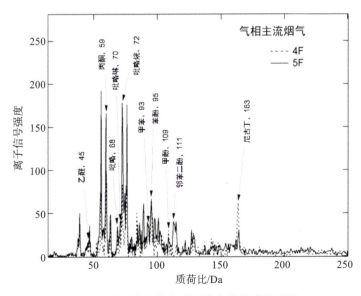

图 3-3 主流烟气气相成分的高分辨质谱谱图

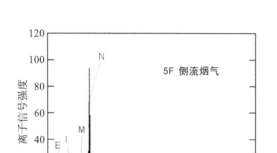
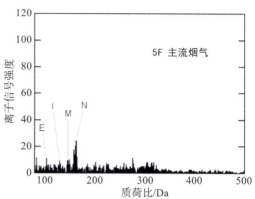

图 3-4 侧流烟气粒相成分的高分辨质谱谱图　　图 3-5 主流烟气粒相成分的高分辨质谱谱图

T. Adam 等将单光子电离-飞行时间质谱(SPI-TOF-MS)连接到卷烟吸烟机,以实时分析的方式研究卷烟烟气成分的逐口释放行为,对整体主流烟气成分和侧流烟气成分的整体化学特性进行表征。图 3-6 为逐口主流烟气的实时飞行时间质谱图。

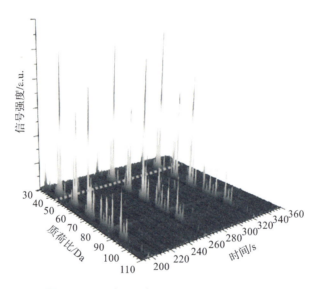

图 3-6 逐口主流烟气的实时飞行时间质谱图

庞永强等建立了在线分析卷烟主流烟气中乙醛、1,3-丁二烯、丙酮、异戊二烯、2-丁酮、苯和甲苯 7 种有机物的光致电离飞行时间质谱(PI-TOF/MS)方法。通过标准恒流孔实现卷烟烟气的定量取样,烟气经带加热装置的采样管引入 PI-TOF-MS 离子源进行分析。该方法操作简单、快速准确,适用于卷烟主流烟气的逐口在线分析研究。

T. Streibel 等将单光子电离-飞行时间质谱仪(SPI-TOF-MS)通过自行设计的鱼尾烟囱装置连接至吸烟机,从而对卷烟侧流烟气进行实时分析,并详细阐述了主流烟气(MSS)和侧流烟气(SSS)之间的相互作用及其对产物的影响。图 3-7 为侧流烟气的实时飞行时间质谱图。

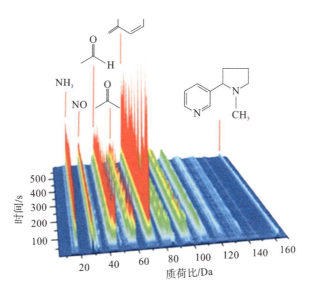

图 3-7　侧流烟气的实时飞行时间质谱图

M.T.Gaugg 等开发了一种二级电喷雾电离源,该离子源几乎能与任何现有的大气压电离质谱仪兼容,并通过升级一个 Orbitrap 质谱仪实现吸烟者呼出气体的实时分析。结果表明,所检测到的呼出气体化合物的质量范围为 70~900 Da,质量精度通常小于 1×10^{-6},分辨率 $m/\Delta m$ 为 22000~70000,并能够获得化合物的二级质谱信息。

D.García-Gómez 等通过二次电喷雾电离结合 Orbitrap 高分辨质谱法实现了电子烟气溶胶的实时化学分析。该方法显示出较高的灵敏度,在气溶胶中检测到了 250 多种化学物质,其中一些与电子烟的工作功率高度相关。该方法还允许对多种化学成分如生物碱和香料成分进行适当的定量分析。

二、烟草及烟气成分的高通量同时检测

飞行时间质谱仪(TOF-MS)、静电场轨道阱质谱仪(Orbitrap-MS)等高分辨质谱仪相对于其他质谱仪而言,在灵敏度、分离能力等诸多方面都有一定优势。烟草是一个复杂的化学体系,利用高分辨质谱仪,可有效降低基质干扰、简化前处理、缩短色谱分离时间,并实现多种烟草成分的高通量同时检测。相对于传统方法,大大缩短了检测时间,提升了检测效率。

针对烟草样品,A.Paul 等利用 HPLC-Orbitrap 建立了烟草中农药残留同时定量检测的方法。采用该方法,181 种农药混合物中近 75% 的化合物在 10 ng/g 时显示出 70%~120% 的回收率,其余的化合物在 40 ng/g 和 100 ng/g 时显示出令人满意的回收率。

S.Kaise 等通过流动进样耦合高分辨率质谱技术,实现了烟草中脂肪酸、生物碱、糖类、二萜、多酚、类胡萝卜素和蔗糖酯等 27 种化合物的高通量同时定量分析。

Y.Qin 等将 NADES 增强的 HS-SPME Arrow 与 GC-Orbitrap-MS 相结合,对烟草中的 23 种硫香化合物(SACs)进行同时定量分析。采用 GC-Orbitrap 明显减少了烟草基质中的化学干扰,提高了对烟草中 SACs 测定和鉴定的准确度。

C. Jia 等采用半制备 RP-HPLC 方法,从东方烟草 *Komotini Basma* 中分离和纯化了三组分子量为 650、664 和 678 的蔗糖四酯(STE)异构体。首次通过 Q-TOF 和 NMR 光谱结合碱性水解及 STE 衍生实验对这三组(STE)异构体进行了全面的表征。

D. Qi 等开发了中心切割二维液相色谱(MHC-LC/LC)-LC-MS- Orbitrap 方法,用于测定黄曲霉毒素 B1、B2、G1、G2 和赭曲霉毒素 A。通过在并行反应监测模式下采用 Orbitrap 来消除干扰,简化了样品预处理程序。结果表明,该方法具有良好的重复性和回收率,不需要 QuEChERS 等前处理净化措施,可用于无烟气烟草产品中黄曲霉毒素和赭曲霉毒素的常规分析。从该方法与其他相关方法的对比结果(见表 3-1)可以看出,其他基于普通质谱的检测方法均需要 SPE、IAC 等前处理净化措施,且无法实现黄曲霉毒素和赭曲霉毒素的同时检测,唯有基于高分辨质谱的该方法可以省去净化步骤,实现多种毒素的高通量同时检测。

表 3-1 测定黄曲霉毒素相关方法的对比

对比项目	方法			
	TLC 与 SPF[a]	HPLC-MS/MS	UPLC-MS/MS	MHC-LC/LC-HRMS
样品	主流烟气	侧流烟气	无烟气烟草产品	口含烟
分析物	黄曲霉毒素 B1	黄曲霉毒素 B1	黄曲霉毒素 B1、B2、G1、G2	黄曲霉毒素 B1、B2、G1、G2、赭曲霉毒素 A
净化方式	SPE	IAC	IAC	
线性范围	0.1~1.0 μg/mL	11.25~150 pg/mL	0.005~5.0 μg/kg	0.2~20.0 μg/kg
检出限	0.01 μg	0.033 ng/支	0.007 μg/kg(黄曲霉毒素 B1)	
定量限		0.117 ng/支		0.05 μg/kg(黄曲霉毒素 B1)[b] 1.0 μg/kg(赭曲霉毒素 A)[b]
重复性		4.30%	5.5%~9.4%	5.4%~8.7%
回收率	77%~92%	79.3%~86.5%	105%~111%(黄曲霉毒素 B1)	85.4%~103.2%(黄曲霉毒素 B1) 92.3%~111.5%(赭曲霉毒素 A)
参考文献	Kaminski 等	Edinboro 等	Zitomer 等	推荐方法

注:[a] TLC 与 SPF 为薄层色谱与分光光度联用;[b] 在样品干重中含量。

C. Jia 等开发了一种简单、快速、灵敏的高效液相色谱/电喷雾离子化线性离子阱串联质谱(HPLC-ESI-LIT/MSn)联用电喷雾离子化静电场轨道阱质谱(ESI-Orbitrap-MS)方法,从烟草中可靠地同时检测出了 22 种糖苷化合物,包括 11 种醇类糖苷、8 种酚类糖苷、2 种酯类糖苷和 1 种吲哚糖苷。

S. Kaiser 等考虑到烟草中基质结合 NNK 的传统提取方法耗时耗力,发现基于高通量筛选-流动注射分析-高分辨质谱(HTS-FIA-HRMS)的分析方法在预测基质结合 NNK 含量方面性能最佳,该方法的重复性与参考方法较为接近,同时具有更高的分析通量。此外,这种方法还可分析其他可溶性亚硝胺,如 N-亚硝基烟碱。

针对烟气样品,烟草次生碱在卷烟烟气的化学成分中起着重要作用,它们是烟草特异性亚硝胺(4-(甲基亚硝胺基)-1-(3-吡啶基)-1-丁酮(NNK)、N-亚硝基降烟碱(NNN)、N-亚硝基假木贼碱(NAB)和 N-亚硝基新烟草碱(NAT))的前体。X. Zhang 等采用超声波提取卷烟主流烟气中的烟草次生碱和烟草特异性亚硝胺。提取物经过分散固相萃取进行净化,通过超高效液相色谱串联静电场轨道阱质谱实现分离。相比于传统方法,该方法大大提升了检测效率,适用于卷烟主流烟气中的烟草次生碱和烟草特异性亚硝胺的高通量同时检测。

D. Konorev 等利用高场非对称波形离子迁移谱(FAIMS)耦合 Orbitrap,对卷烟烟气提取物中的芳香胺进行分析,极大地降低了样品的复杂性,体现了强大的分析能力。

申素素等采用聚丙烯腈和二氧化硅复合纤维膜富集-Orbitrap 高分辨质谱技术,对卷烟烟气中的有害化合物进行同时测定。在正离子模式下,检测到的主要成分有尼古丁、丙酮、苯乙烯、丙烯醛、异戊二烯、丙烯腈等 21 种小分子有机化合物;在负离子模式下,检测到的主要成分有水杨酸、苹果酸和乳酸等 6 种有机酸。将多种分析方法与该方法进行了比较(见表 3-2),结果显示该方法样品前处理时间短,操作步骤简单,测定的小分子有机化合物种类多。

表 3-2 测定卷烟烟气成分相关方法的对比

富集方法	检测仪器	所需时间	检出限	重复性/(%)	回收率/(%)	测定的化合物数量
丙酮吸收-阱收集,干冰-丙酮保存	气相色谱(GC)-氢火焰离子化检测器(FID),紫外光谱仪(UV),红外光谱仪(IR),质谱仪(MS)	>2 h	—	5.0~9.3	>85.0	10
剑桥滤片过滤-冷阱收集	GC-MS	—	—	1.8~10.7	85.0~95.0	16

续表

富集方法	检测仪器	所需时间	检出限	重复性/(%)	回收率/(%)	测定的化合物数量
过滤板过滤	共振增强多光子电离-飞行时间质谱仪(REMPI-TOF-MS),单光子电离-飞行时间质谱仪(SPI-TOF-MS)	—	0.020~0.053 μg/mL 0.04~2.3 μg/mL	—	—	5
滤垫吸附-直线式吸烟机抽取收集	GC,紫外-二极管阵列检测器(UV-DAD)	—	0.76~7.9 ng	—	—	20
玻璃纤维滤垫收集-溶剂萃取-反相固相萃取法	液相敞开式光电离质谱联用仪器	>3.5 h	11~166 pg	0.9~15.7	29.0~77.0	10
滤片吸附-聚氟乙烯气袋收集,碳分子筛-聚二甲基硅氧烷纤维顶空固相微萃取	GC-MS	>1 h	—	<20	—	22
碳分子筛 572 固相萃取柱吸收、板过滤、溶剂洗脱	HPLC,GC-MS 以及气相色谱热导检测器(GC-TCD)	>5 h	0.005~0.013 μg/mL	2.5~6.8	—	11
聚丙烯腈/二氧化硅纤维膜吸附,溶剂洗脱	电喷雾电离质谱仪(ESI-MS)	35 min	0.071 ng/L(尼古丁)	0.06~0.58(尼古丁)	77.4~86.9	27

Y. Li 等开发了一种理论方法,根据有机酸和醛类的气相碱性(ΔG 去质子化)计算它们与 2,4-二硝基苯肼的腐蚀素的相对电喷雾电离灵敏度。该方法在没有化学标准品的情况下可以通过 HPLC-Orbitrap 定量。该方法在具有经典烟草香味的电子烟气溶胶中同时定量了 5 种简单醛类、6 种羟醛类、4 种二醛类、3 种酸类和 1 种酚醛类。

三、烟草及烟气成分的靶向快速筛查

在没有标准品可用的情况下,具有高质量分辨率和优异质量精度的 TOF-MS、Orbitrap-MS 等质谱仪可以对已知化合物进行定性筛选,与一个包含多个 EI 碎片离子名称、保留时间和精确质量数的开发化合物数据库(compound databases,CDB)进行比对,从而实现烟草及烟气成分的靶向快速筛查。

烟草样品基质复杂,干扰物质多,检测方法开发难度大,传统的农药残留检测方法选择性单一,程序烦琐,处理效率较低,难以满足大批量、多项目的检测工作要求。尹锐等采用 Cleanert Nano 微固相萃取(micro solid phase extraction,μ-SPE)净化柱,结合气相色谱-四极杆飞行时间质谱仪(gas chromatography-quadrupole time-of-flight mass spectrometry,GC-QTOF-MS),建立了快速、准确的烟草中农药多残留筛查确证体系,适用于烟草中农药多残留的快速分析;同时可实现对烟草样品的快速自动化筛查,假阳性低,为烟草农药残留的快速筛查提供相关技术支持。司晓喜等也基于气相色谱-飞行时间质谱开发了多种烟草中农药残留的快速筛查方法。

A. Paul 等利用 HPLC-Orbitrap 建立了对烟草中农药残留进行快速筛查的方法。该方法涉及在乙酸乙酯(10 mL)中提取均质物(20 g,含有 2 g 烟草),用 PSA(50 mg)+ C18(50 mg)+ GCB(25 mg)+ $MgSO_4$(100 mg)进行分散固相萃取,获得 2 mL 提取物,然后用乙腈∶水(3∶7)重溶并使用具有四极杆-轨道飞行时间质谱仪的高效液相色谱仪进行分析。高分辨率准确质量分析是通过顺序全扫描(分辨率 35000)和可变数据独立采集(分辨率 17500)进行的,当采用该方法评估 181 种农药混合物时,有效地减少了基质干扰和假阴性。目标化合物包括 5 对同分异构体和 27 对同分异质体,这些化合物基于色谱分离、质量分辨能力和独特的产物离子进行区分。86.4% 的测试农药的筛查检出限(SDL)设定为 5 ng/g,其余的 SDL 分别为 10 ng/g(9.3%)和 40 ng/g(4.3%)。建立的方法在四种不同类型的烟草基质中展现了出色的性能,同时符合 SANTE 和美国 FDA 的指南。由于其高效性,该方法被推荐用于对烟草中的多类农药进行快速筛查。

N. Ahmed 等基于激光诱导击穿光谱(LIBS)和激光烧蚀飞行时间质谱(LA-TOF-MS),开发了一套对市售卷烟中钙、镁、钠、钾、硅、锶、钡、锂、铝等微量元素的快速筛查方法。

Z. Zelinkova 建立了一种结合直接热脱附和 GC-QTOF-MS 的分析方法,用于获取烟草中挥发性和半挥发性物质的轮廓;同时创建了一个包含 133 种化合物的香料添加剂数据库。该方法可以实现在感官无法识别的浓度水平上,得出关于烟草制品香料成分的化学轮廓结论。

T. Korzun 等采用 UPLC-Orbitrap 对电子烟烟液中的亮红、亮蓝、柠檬黄、日落黄、赤藓红和固绿等多种人工色素进行快速筛查。上述靶向筛查成分的高分辨质谱信息如表 3-3 所示。

表 3-3　多种人工色素的高分辨质谱信息

标准品	计算质量数/Da	测得质量数/Da
亮红 AC	225.00903	225.00924
亮蓝 FCF	373.07077	373.07067
柠檬黄	154.99315	154.99263
日落黄 FCF	202.99592	202.99515
赤藓红	834.64667	834.64394
固绿 FCF	381.06823	381.06713

S. Barhdadi 等基于 LC-Orbitrap-MS and LC-UV 开发了一种快速筛选电子烟液中 17 种大麻素的方法;同时采用"总误差"方式进行了方法学验证,考察了方法准确性,符合 ISO 17025 要求。上述靶向筛查成分的高分辨质谱信息如表 3-4 所示。

表 3-4　17 种大麻素的高分辨质谱信息

植物大麻素	RT/min	相对 RT（相对于 CBD 峰）	M+H	M−H	碎片离子
CBDV	2.21	0.54	287.2006	285.1860	165.0906(100);123.0439(33);107.0856(21)
CBE	2.28	0.56	331.2260	329.2127	109.1014(100);201.0905(23);205.1221(46)
CBDVA	2.27	0.56	331.1904	329.1760	217.1223(100);151.0765(37);243.1029(36)
THCV	3.56	0.87	287.2006	285.1860	165.0909(100);123.0440(33);107.0857(20)
THCVA	4.07	1.00	331.1896	329.1760	285.1859(100);217.1233(34);163.0766(24)
CBD	4.08	1.00	315.2319	313.2173	193.1220(100);123.0441(51);107.0857(29)
CBDA	4.60	1.13	359.2217	357.2071	245.1547(100);179.1079(47);311.2021(40)
CBG	4.85	1.19	317.2475	315.2330	193.1224(100);123.0441(38);194.1258(13)
CBN	6.14	1.50	311.2006	309.1860	223.1106(100);195.1168(39);208.0878(31)

续表

植物大麻素	RT/min	相对RT（相对于CBD峰）	M+H	M−H	碎片离子
CBGA	6.97	1.71	361.2373	359.2228	309.1862(100);310.1895(23);279.1394(13)
Δ9-THC	7.23	1.77	315.2319	313.2173	193.1222(100);123.0440(49);135.1167(28)
Δ8-THC	7.72	1.89	315.2319	313.2173	193.1222(100);123.0440(47);135.1167(30)
CBL	8.99	2.20	315.2319	313.2173	235.1685(100);165.0910(52);123.0440(38)
CBC	9.26	2.27	315.2319	313.2173	174.0675(100);231.1370(62);232.1402(10)
CBT	9.90	2.43	315.2319	313.2173	193.1222(100);135.1160(42);259.1676(32)
CBNA	10.11	2.48	355.1890	353.1760	309.1862(100);310.1895(23);279.1394(13)
THCA	11.74	2.88	359.2217	357.2071	313.2174(100);357.2074(25);314.2211(23)

R.Zhu等开发了一种化学同位素标记(isotope internal standard,CIL)结合超高效液相色谱-静电场轨道阱质谱(UHPLC-Orbitrap)策略,用于捕获和检测醛类和酮类成分。同时基于高分辨质谱,提出了一种称为MSFilter的后处理数据处理方法,以便于在复杂基质中快速筛查和鉴定醛类和酮类。

由于对抗氧化性质的贡献,多酚被认为是烟草的重要组成部分。X.Zou等通过将甲醇和蒸馏水结合的冷提取法,提取不同烟草品种中的酚类化合物。提取物采用LC-ESI-QTOF-MS/MS技术快速筛选,以了解不同烟草品种中酚类化合物的多样性和分布,以及它们的抗氧化潜力。所筛查的多酚类烟草成分的高分辨质谱信息如表3-5所示。

表3-5 多酚类烟草成分的高分辨质谱信息

化合物	分子式	RT/min	电离模式(ESI^+/ESI^-)	分子质量/Da	理论值/Da	观测值/Da	误差/($\times 10^{-6}$)	产物离子	样品
没食子酸	$C_7H_6O_5$	11.1	$[M-H]^-$	170.022	169.0142	169.0135	−4.1	125	SN-2
原儿茶酸4-O-beta-葡萄糖苷	$C_{13}H_{16}O_9$	12.3	$[M-H]^-$	316.079	315.0721	315.0709	−3.8	153	SN-1

续表

化合物	分子式	RT/min	电离模式（ESI$^+$/ESI$^-$）	分子质量	理论值/Da	观测值/Da	误差/($\times 10^{-6}$)	产物离子	样品
2,3-二羟基苯甲酸	$C_7H_6O_4$	15.2	[M−H]$^-$	154.027	153.0193	153.0191	−1.3	109	*K-399, SN-2
水杨酸	$C_7H_6O_3$	20.0	**[M−H]$^-$	138.032	137.0244	137.0243	−0.7	93	*SP-28, K-399,
毛蕊花糖苷	$C_{29}H_{36}O_{15}$	4.2	[M−H]$^-$	624.205	623.1981	623.1989	1.3	477, 461, 315, 135	SN-1
3-阿魏酰奎宁酸	$C_{17}H_{20}O_9$	11.5	[M−H]$^-$	368.111	367.1034	367.1032	−0.5	298, 288, 192, 191	SN-1
咖啡酰葡萄糖苷	$C_{15}H_{18}O_9$	12.7	[M−H]$^-$	342.095	341.0878	341.0891	3.8	179, 161	SN-1
咖啡酸	$C_9H_8O_4$	15.9	**[M−H]$^-$	180.042	179.035	179.0341	−5.0	143, 133	*SP-28, SN-2
咖啡酸 3-O-β-D-葡萄糖醛酸苷	$C_{15}H_{16}O_{10}$	19.3	[M−H]$^-$	356.074	355.067	355.0653	−4.8	179	*SP-28, SN-2
阿魏酸 4-O-β-D-葡萄糖醛酸苷	$C_{16}H_{18}O_{10}$	20.5	[M−H]$^-$	370.09	369.0827	369.0826	−0.3	193	SP-28
芥子酸	$C_{11}H_{12}O_5$	22.6	**[M−H]$^-$	224.069	223.0612	223.0605	−3.1	205, 163	*SP-28, K-399
邻香豆酸	$C_9H_8O_3$	28.7	**[M−H]$^-$	164.047	163.04	163.0397	−1.8	119	*SP-28, K-399

续表

化合物	分子式	RT/min	电离模式(ESI^+/ESI^-)	分子质量	理论值/Da	观测值/Da	误差/($\times 10^{-6}$)	产物离子	样品
二氢咖啡酸3-O-β-D-葡萄糖醛酸	$C_{15}H_{18}O_{10}$	19.0	$[M-H]^-$	358.09	357.0827	357.0817	−2.8	181	SP-28
二氢阿魏酸4-O-β-D-葡萄糖醛酸	$C_{16}H_{20}O_{10}$	24.0	$[M-H]^-$	372.106	371.0983	371.0977	−1.6	195	SP-28
3-羟基根皮苷	$C_{21}H_{24}O_{11}$	17.1	$**[M-H]^-$	452.132	451.1246	451.1226	−4.4	289, 273	*SP-28, K-399
根皮苷	$C_{21}H_{24}O_{10}$	31.1	$[M-H]^-$	436.137	435.1296	435.1278	−4.1	273	SN-1
二氢杨梅素3-O-鼠李糖苷	$C_{21}H_{22}O_{12}$	19.6	$**[M-H]^-$	466.111	465.1038	465.1021	−3.7	301	*SP-28, K-399
二氢槲皮素3-O-鼠李糖苷	$C_{21}H_{22}O_{11}$	31.5	$[M-H]^-$	450.116	449.1089	449.1075	−3.1	303	*SN-1, SP-28
4'-O-甲基表没食子儿茶素	$C_{16}H_{16}O_7$	10.1	$[M+H]^+$	320.09	321.0969	321.0963	−1.9	302	SP-28
(+)-表儿茶素	$C_{15}H_{14}O_6$	13.9	$**[M-H]^-$	290.079	289.0717	289.0707	−3.5	245, 205, 179	*SN-2, SP-28, K-399
原花青素B1	$C_{30}H_{26}O_{12}$	16.8	$**[M-H]^-$	578.142	577.1351	577.1359	1.4	451	*K-399, SP-28
原花青素C1	$C_{45}H_{38}O_{18}$	19.2	$**[M-H]^-$	866.206	865.1985	865.199	0.6	739, 713, 695	*K-399, SP-28
(+)-没食子儿茶素	$C_{15}H_{14}O_7$	20.2	$**[M-H]^-$	306.074	305.0667	305.0666	−0.3	261, 219	*SN-2, K-399

续表

化合物	分子式	RT/min	电离模式（ESI+/ESI−）	分子质量	理论值/Da	观测值/Da	误差/(×10−6)	产物离子	样品
新北美圣草苷	$C_{27}H_{32}O_{15}$	22.8	[M−H]−	596.174	595.1668	595.1669	0.2	431, 287	SP-28
芸香柚皮苷	$C_{27}H_{32}O_{14}$	30.6	[M−H]−	580.179	579.1719	579.1721	0.3	271	SN-1
6-羟基黄酮 7-O-鼠李糖苷	$C_{21}H_{20}O_{11}$	25.3	[M−H]−	448.101	447.0933	447.0935	0.4	301	*SP-28, SN-1
维采宁-2	$C_{27}H_{30}O_{15}$	27.0	[M−H]−	594.159	593.1512	593.1524	2	503, 473	SP-28
野漆树苷	$C_{27}H_{30}O_{14}$	27.0	**[M−H]−	578.164	577.1563	577.1573	1.7	413, 269	*SP-28, SN-1
异牡荆黄素	$C_{21}H_{20}O_{10}$	27.933	**[M−H]−	432.1056	431.0983	431.0968	−3.5	431, 341, 311	*SN-1, SN-2, SP-28
地奥司明	$C_{28}H_{32}O_{15}$	29.1	**[M+H]+	608.174	609.1814	609.1787	−4.4	301, 286	*SP-28, SN-1
柯伊利素 7-O-葡萄糖苷	$C_{22}H_{22}O_{11}$	30.1	**[M+H]+	462.116	463.1235	463.1217	−3.9	445, 427, 409, 381	SN-1, *SP-28
杨梅素 3-O-半乳糖苷	$C_{21}H_{20}O_{13}$	16.8	[M−H]−	480.09	479.0831	479.0818	−2.7	317	SP-28
山奈酚 3-O-葡萄糖苷-鼠李糖苷-半乳糖苷	$C_{33}H_{40}O_{20}$	24.1	[M−H]−	756.211	755.204	755.204	0	285	SP-28

续表

化合物	分子式	RT/min	电离模式（ESI$^+$/ESI$^-$）	分子质量	理论值/Da	观测值/Da	误差/($\times 10^{-6}$)	产物离子	样品
山奈酚 3-O-(2″-鼠李糖苷-半乳糖苷)7-O-鼠李糖苷	C$_{33}$H$_{40}$O$_{19}$	26.5	[M-H]$^-$	740.2164	739.2091	739.2124	4.5	593, 447, 285	SP-28
山奈酚 3,7-O-二葡萄糖苷	C$_{27}$H$_{30}$O$_{16}$	28.5	**[M-H]$^-$	610.1534	609.1461	609.1451	-1.6	447, 285	*SP-28, SN-1, SN-2
杨梅素 3-O-鼠李糖苷	C$_{21}$H$_{20}$O$_{12}$	29.8	**[M-H]$^-$	464.0955	463.0882	463.0863	-4.1	317	*SP-28, SN-1, SN-2
槲皮素 3-O-(6″-苹果酸葡萄糖苷)异黄酮	C$_{24}$H$_{22}$O$_{15}$	31.7	[M+H]$^+$	550.0959	551.1032	551.1008	-4.4	303	SN-2
6″-O-乙酰黄豆黄苷	C$_{24}$H$_{24}$O$_{11}$	9.2	**[M+H]$^+$	488.1319	489.1392	489.1391	-0.2	285, 270	SP-28
3′,4′,5,7-四羟基异黄酮	C$_{15}$H$_{10}$O$_6$	17.3	[M+H]$^+$	286.0477	287.0550	287.0539	-3.8	269, 259	*K-399, SP-28
3′,4′,7-三羟基异黄酮	C$_{15}$H$_{10}$O$_5$	22.6	[M+H]$^+$	270.0528	271.0601	271.0588	-4.8	253, 241	K-399
5,6,7,3′,4′-五羟基异黄酮	C$_{15}$H$_{10}$O$_7$	29.8	**[M+H]$^+$	302.0427	303.0500	303.0490	-3.3	285, 257	K-399, *SP-28, SN-2
紫黄檀素	C$_{17}$H$_{16}$O$_6$	31.1	[M-H]$^-$	316.0947	315.0874	315.0862	-3.8	300, 285, 135	SN-1

续表

化合物	分子式	RT/min	电离模式(ESI$^+$/ESI$^-$)	分子质量	理论值/Da	观测值/Da	误差/($\times 10^{-6}$)	产物离子	样品
丙二酰染料木苷	$C_{24}H_{22}O_{13}$	31.4	**[M+H]$^+$	518.1060	519.1133	519.1114	−3.7	271	SN-1, *SP-28
黄豆黄苷	$C_{22}H_{22}O_{10}$	35.3	[M+H]$^+$	446.1213	447.1286	447.1274	−2.7	285	SP-28
对羟基苯甲醛	$C_7H_6O_2$	31.4	**[M−H]$^-$	122.0368	121.0295	121.0292	−2.5	77	*SN-1, SP-28, K-399, SN-2
香豆素	$C_9H_6O_2$	9.6	[M+H]$^+$	146.0368	147.0441	147.0445	2.7	103, 91	*SP-28, SN-2
羟基酪醇4-O-葡萄糖苷	$C_{14}H_{20}O_8$	24.4	[M−H]$^-$	316.1158	315.1085	315.1078	−2.2	153, 123	SP-28
五味子醇乙	$C_{23}H_{28}O_7$	5.9	[M+H]$^+$	416.1835	417.1908	417.1926	4.3	224, 193, 165	*SN-2, SP-28
3′-羟基-3,4,5,4′-四甲氧基苯乙烯	$C_{17}H_{18}O_5$	30.6	[M+H]$^+$	302.1154	303.1227	303.1217	−3.3	229, 201, 187, 175	SP-28

J. Cooper 等使用高分辨率 GC-Orbitrap-MS 对电子烟烟液进行全面化学表征。由于使用气相色谱仪(GC)或气相色谱-质谱联用仪(GC-MS)分析电子烟烟液时,前处理和色谱柱分离都具有一定难度,为了对化学成分进行良好的覆盖,考虑到基质的多样性和复杂性,必须使用一种能够敏感且有选择性地检测化学成分的 GC 或 GC-MS 平台。将 GC 与高分辨质谱仪联用是最合适的选择之一,因为它既满足了检测所需的灵敏度,又对目标化合物有高选择性。特别是,GC-Orbitrap-MS 具有高质量精度,样品引入的多功能性以及结合了独特的软件算法、可自动去卷积的、广泛的光谱库,使其具备电子烟烟液定性和定量评估的强大功能,可以进行靶向和非靶向的快速筛查。表 3-6 为电子烟烟液中化合物的高分辨质谱数据库,详细展示了样品描述、检测到的主要化合物、基峰的测量值和理论值、基峰的质量精确度、检测到的化合物的精确质量(分子质量)和 CAS 编号、保留时间(RT)、SI(搜索指数得分)、HRF(高分辨率过滤得分)和 RSI(反向指数得分)的识别分数。基于上述数据库,可实现电子烟烟液化学成分的靶向快速筛查。

表 3-6　电子烟烟液中化合物的高分辨质谱数据库

样品/描述	检出成分	结构式	基峰测量值/Da	基峰理论值/Da	基峰质量精确度/($\times 10^{-6}$)	精确质量/Da	CAS	RT/min	识别分数 SI	HRF	RSI
a 无风味	2,2,4-三甲基-1,3-二氧杂戊烷	$C_6H_{12}O_2$	101.0597	101.0597	0.3	116.0837	1193-11-9	3.1	808	87	810
	2-乙基-4-甲基-1,3-二氧戊环	$C_6H_{12}O_2$	87.04409	87.04406	0.4	116.0837	4359-46-0	4.3	838	85	841
b 品牌风味	丁酸乙酯	$C_6H_{12}O_2$	43.05413	43.05423	2.2	116.0837	105-54-4	4.5	809	86	810
	乙基麦芽酚	$C_7H_8O_3$	140.0466	140.0468	1.2	140.0473	4940-11-8	15.1	890	100	940
	香兰素	$C_8H_8O_3$	151.039	151.039	0.0	152.0473	121-33-5	18.9	878	94	886
c 品牌风味	3-甲基丁酸戊酯	$C_{10}H_{20}O_2$	70.0777	70.0777	0.0	172.1463	25415-62-7	8.2	829	86	859
	乙酸 2-甲基丁酯	$C_7H_{14}O_2$	43.01774	43.01784	2.4	130.0994	626-38-0	5.8	874	83	899
	乙酸戊酯	$C_7H_{14}O_2$	43.01774	43.01784	2.4	130.0994	628-63-7	6.6	840	77	880
	2,4-壬烷二酮	$C_9H_{16}O_2$	43.05412	43.05423	2.3	156.115	6175-23-1	9.1	764	68	839
	丁香酚	$C_{10}H_{12}O_2$	164.083	164.0832	1.3	164.0837	97-53-0	16.2	856	99	878
	乙基香兰素	$C_9H_{10}O_3$	137.0234	137.0233	0.6	166.063	121-32-4	18.6	818	91	837
d 香草风味	胡椒醛	$C_8H_6O_3$	149.0232	149.0233	1.0	150.0317	120-57-0	16.7	875	66	875
	香兰素	$C_8H_8O_3$	151.0391	151.039	0.5	152.0473	121-33-5	18.9	876	92	878
e 薄荷风味	(＋)-薄荷醇	$C_{10}H_{20}O$	81.06996	81.06988	1.7	156.1514	15356-70-4	11.8	807	90	808
	胡薄荷酮	$C_{10}H_{18}O$	139.1117	139.1117	0.6	154.1358	1196-31-2	10.1	785	93	843
	(－)-薄荷醇	$C_{10}H_{20}O$	81.06996	81.06988	1.1	156.1514	15356-70-4	11.4	823	93	824
	薄荷酮	$C_{10}H_{18}O$	112.0882	112.0883	0.6	154.1358	89-80-5	10.4	795	92	851
	桉叶油醇	$C_{10}H_{18}O$	93.07005	93.06988	1.9	154.1358	470-82-6	7.0	783	86	783
f 品牌风味	丙酮酸丙酯	$C_6H_{10}O_3$	43.05417	43.05423	1.4	130.063	20279-43-0	12.7	761	95	904
	顺式-马鞭草烯醇	$C_{10}H_{16}O$	79.05421	79.05423	0.2	152.1201	18881-04-4	12.2	728	84	728
	丁酸乙酯	$C_6H_{12}O_2$	43.05417	43.05423	1.4	116.0837	105-54-4	4.6	813	89	814
	尼古丁	$C_{10}H_{14}N_2$	84.08093	84.08078	1.9	162.1157	54-11-5	13.8	872	98	873

续表

样品/描述	检出成分	结构式	基峰测量值/Da	基峰理论值/Da	基峰质量精度/($\times 10^{-6}$)	精确质量/Da	CAS	RT/min	识别分数 SI	HRF	RSI
g 无风味	尼古丁	$C_{10}H_{14}N_2$	84.08093	84.08078	1.9	162.1157	54-11-5	13.8	872	98	873
h 柠檬风味	尼古丁	$C_{10}H_{14}N_2$	84.08093	84.08078	1.9	162.1157	54-11-5	13.8	879	99	880
	胡椒醛	$C_8H_6O_3$	149.0233	149.0233	0.1	150.0317	120-57-0	16.7	880	98	881
	丁酸乙酯	$C_6H_{12}O_2$	43.05412	43.05423	2.4	116.0837	105-54-4	4.6	882	91	882
i 草莓风味	肉桂酸甲酯	$C_{10}H_{10}O_2$	131.0492	131.0491	0.4	162.0681	1754-62-7	15.5	859	97	878
	γ-癸内酯	$C_{10}H_{18}O_2$	85.02843	85.02841	0.3	170.1307	706-14-9	16.0	801	95	807
	丁酸乙酯	$C_6H_{12}O_2$	43.05415	43.05423	1.7	116.0837	105-54-4	4.6	814	86	815
	2-甲基丁酸乙酯	$C_7H_{14}O_2$	102.0676	102.0675	0.4	130.0994	7452-79-1	4.8	786	89	809
j 柠檬风味	光柠醛 B	$C_{10}H_{16}O$	137.0961	137.0961	0.1	152.1201	6040-45-5	12.7	671	99	921
	顺式-马鞭烯醇	$C_{10}H_{16}O$	79.05424	79.05423	0.1	152.1201	1845-30-3	12.2	827	88	828
	橙花醇	$C_{10}H_{18}O$	93.06995	93.06985	0.8	154.1358	106-25-2	13.6	742	79	743
	4-异丙基甲苯	$C_{10}H_{14}$	119.0856	119.0855	0.8	134.1096	99-87-6	7.9	862	100	873

四、烟草及烟气成分的非靶向快速筛查

非靶向分析(NTA)是一种有前途的技术,它是指在不事先了解复杂基质化学组成的情况下识别和定量化合物的过程。

A. Adeniji 等综述、讨论了 NTA 在研究烟草产品成分和释放物方面的挑战和机遇,并罗列了相关文献所采用的仪器与方法,如表 3-7 所示。整体而言,高分辨质谱仪器如 Orbitrap-MS 及 TOF-MS 是应用于 NTA 的较为合适的分析手段,可实现烟草成分无标准品条件下的识别与快速筛查。

表 3-7 烟草 NTA 研究相关文献所采用的仪器与方法

烟草制品	测试基质	样品前处理	仪器	化合物数量	参考文献	作者单位
卷烟	总粒相物	溶剂萃取	GC×GC-TOF-MS	~1000	Lu 等,2003	独立机构
卷烟	总粒相物	溶剂萃取	GC×GC-TOF-MS GC-MS	1800 烃类化合物	Lu 等,2004	独立机构

续表

烟草制品	测试基质	样品前处理	仪器	化合物数量	参考文献	作者单位
卷烟	总粒相物	溶剂萃取	GC-MS GC×GC-TOF-MS	377 含氮化合物	Lu 等,2004	独立机构
卷烟	气相/总粒相物	固相微萃取	GC-MS	70 挥发性化合物	Ye,2008	独立机构
卷烟	总粒相物	固相微萃取	GC×GC-TOF-MS	148~1569	Brokl 等,2014	烟草行业
卷烟	气相	热脱附	GC×GC-TOF-MS	130	Savareear 等,2017	烟草行业
卷烟	气相/总粒相物	溶剂萃取	GC×GC-TOF-MS	2990	Knorr 等,2019	烟草行业
卷烟	总粒相物	溶剂萃取	LC/HRAM-MS	331	Amdt 等,2020	烟草行业
卷烟	烟草填充物	热脱附	GC-QTOF-MS	~200	Zelinkova 等,2021	独立机构
卷烟	卷烟胶黏剂	顶空	GC-MS	11 挥发性化合物	Wei M 等,2021	独立机构
卷烟	总粒相物	溶剂萃取	NMR	61	Khattri 等,2022	独立机构
烟草,大麻	总粒相物	固相微萃取	GC×GC-TOF-MS	烟草:4350 大麻:2575	Graves 等,2020	独立机构
雪茄,卷烟	总粒相物	溶剂萃取	GC×GC-TOF-MS	雪茄:2800~5700 卷烟:1800~3800	Klupinski 等,2016	独立机构
大麻,雪茄	总粒相物	溶剂萃取	GC×GC-TOF-MS	>800	Klupinski 等,2020	独立机构
加热不燃烧产品	气相/总粒相物	溶剂萃取	GC×GC-TOF-MS 和 LC-HRAM-MS	529	Bentley 等,2020	烟草行业
加热不燃烧产品	总粒相物	固相微萃取	GC×GC-TOF-MS	205	Savareear 等,2017	烟草行业

续表

烟草制品	测试基质	样品前处理	仪器	化合物数量	参考文献	作者单位
加热不燃烧产品,卷烟	气相	热脱附	GC×GC/FID/LR/HR-TOF-MS	加热不燃烧产品:79 卷烟:198	Savareear 等,2018	烟草行业
加热不燃烧产品,卷烟	总粒相物	热脱附	GC×GC-TOF-MS/FID	加热不燃烧产品:157 卷烟:587	Savareear 等,2019	烟草行业
加热不燃烧产品,卷烟	烟草填充物胶囊卷烟	溶剂萃取	GC-MS	283	Lim 等,2022	独立机构
Dokha	气相/总粒相物	热脱附	GC-MS	410	Elsayed 等,2018	独立机构
电子烟	电子烟油气相	热脱附	GC-MS	电子烟油:64 气相:82	Herrington 等,2015	独立机构
电子烟	气相	热脱附	GC-TOF-MS	30~90	Rawlinson 等,2017	烟草行业
电子烟	电子烟油	顶空	GC-IMS GC-MS	37	Augustini 等,2021	独立机构
电子烟	电子烟油气相/总粒相物	溶剂萃取凝结	LC-HRMS	电子烟油:103~518 气溶胶:121~355	Tehrani 等,2021	独立机构
电子烟	电子烟油气相/总粒相物	溶剂萃取	GC-MS	电子烟油:46 气溶胶:55	Shah 等,2021	独立机构
电子烟	电子烟油	毛细管采样	DART-GC-MS	350	Holt 等,2021	独立机构

非靶向筛选方法是一种强大的方法,用于复杂基质的综合化学表征。A. Knorr 等为了

最大限度地覆盖化学空间,建立了三种使用二维气相色谱-飞行时间质谱(GC×GC-TOF-MS)分析非极性、极性和挥发性化合物的分析方法。结构鉴定过程通过内部开发的计算机辅助结构鉴定平台进行了简化,该平台不仅有助于新化合物的鉴定,还提供了所有化合物的半定量浓度。

针对烟叶样品,李海峰等建立了有关烟叶中挥发性、半挥发性碱性化合物组成研究的GC×GC-TOF-MS分析方法,采用TOF-MS谱图库检索结合特有的全二维谱图,快速筛查出香料烟叶中的挥发性、半挥发性碱性化合物92种,并对不同类别的化合物在二维气相色谱上的分布模式进行了研究。

鹿洪亮等对GC/MS、GC×GC-TOF-MS分析方法进行了研究,利用GC×GC-TOF-MS方法对不同品种的原料烟进行分析,共筛查出包括80种醇、47种醛、100种酮、18种醚等在内的569种中性化合物,并采用此方法对不同产地、不同品种及部位烟叶的中性香味成分含量进行了测定。

半挥发性酸性组分主要包括C1~C8挥发酸、高级脂肪酸,能够调节卷烟烟气酸碱平衡,影响吃味。李莉等采用全二维气相色谱-飞行时间质谱仪(GC×GC-TOF-MS)分析了云烟85品种的C3F等级的复烤烟叶,依据正交分离的结构谱图快速筛查出样品中的挥发性、半挥发性酸性成分107种。李海锋等采用TOF-MS结合全二维特有的结构谱图,通过族分离从香料烟烟叶中快速筛查出10种酸酐、43种有机酸和90种酚类化合物。

对于卷烟样品,Z. Zelinkova等开发了一种直接热脱附结合气相色谱-四极杆飞行时间质谱法的分析方法,用于获取卷烟的挥发性成分轮廓;然后通过多变量统计方法识别出具有高变异系数的挥发性成分,并用于建立分类模型。该分类模型能够高精度地区分真品与非真品卷烟。该模型通过对卷烟挥发性成分的快速筛查,可以用于判断卷烟的真实性。

郑晓云等采用GC×GC-TOF-MS分析了薄荷型ESSE卷烟的核心香味成分,利用官能团在二维上极性不同的特点,快速筛查出与卷烟香味有关的成分118种。

针对烟气样品,为了表征如卷烟烟气等复杂基质的化学成分(其中含有6000多种成分),必须结合多种分析方法,以增加对化学空间的化合物覆盖度。D. Arndt等设计了一种复杂矩阵式表征方法,应用于卷烟烟气,整合了多种分析方法和化合物鉴定策略,适用于基于液相色谱-高分辨质谱的非靶向快速筛查技术。该方法应用了四种色谱/电离技术的组合(反相(RP)-加热电喷雾电离(HESI)正(+)负(−)模式、RP-大气压化学电离(APCI)正模式、亲水性相互作用液相色谱(HILIC)HESI正模式),使用Thermo Q Exactive™液相色谱/高分辨准确质谱(LC/Orbitrap-MS)平台,对3R4F烟气进行分析。通过使用质谱库和来自多个集成数据库的体外预测片段,进行化合物鉴定,共鉴定了331种半定量估计≥每支卷烟100 ng的化合物,这些化合物分布在已知的烟草烟气化学空间内。多种LC/

Orbitrap-MS 基于色谱/电离方法的整合,结合互补的化合物鉴定策略,对于最大限度地增加可处理化合物的数量以及提升鉴定水平至关重要。在缺乏参考 MS2 光谱的情况下,体外 MS2 光谱预测对确定化合物类别给出了良好的指示,并被用作整合的非靶向筛选(NTS)方法的附加确认工具。

路鑫等利用 GC × GC-TOF-MS 对市售混合型卷烟主流烟气粒相物中的酚类化合物进行了表征,快速筛查出挥发性、半挥发性的酚类化合物共 250 种,并对不同类型的酚类化合物在二维气相色谱上的分布模式进行了讨论。

X. Lu 等采用二维气相色谱-飞行时间质谱法(GC×GC-TOF-MS)对卷烟烟气冷凝物中的复杂碳氢化合物进行快速筛查。结果共筛选出 100 多个异戊二烯烃,包括胡萝卜素的降解产物和二萜类化合物,同时鉴定出 1800 个碳氢化合物,初步确定为脂肪烃、芳烃和类异戊二烯。

杨菁等建立了利用全二维气相色谱-飞行时间质谱(GC × GC-TOF-MS)分析卷烟主流烟气中中性化学成分的方法。以较长的弱极性柱 HP-5MS(50 m × 0.2 mm × 0.33 μm) 作为第一维柱,较短的薄液膜中等极性柱 DB-17MS(1.7 m × 0.1 mm × 0.1 μm) 作为第二维柱,对优质烟叶单料卷烟烟气的中性成分进行定性分析,经过人工纠错等步骤,初步鉴定出匹配度大于 700 的 1464 种成分,重点讨论了中性香味羰基化合物全二维点阵的谱图特征,为烟气和复杂体系的深入研究提供了方法学基础。

M. Brokla 等开发了一种涉及顶空固相微萃取(HS-SPME)和二维气相色谱(GC×GC)联用飞行时间质谱(TOF-MS)的方法,并应用于评估卷烟主流烟气中挥发性化合物的谱图。他们使用多变量响应面方法对提取条件进行了优化,并分析了滤嘴结构不同的两种卷烟的主流烟气。结果显示,通过主成分分析(PCA)可以清晰地区分所研究的卷烟类型。

针对卷烟包装材料,Y. Sapozhnikova 等通过气相色谱-Orbitrap 质谱法(GC-Orbitrap-MS)识别从包装材料中迁移的化学物质。其研究开发并评估了一种新的 GC-Orbitrap EI 数据自动化处理方法,使用了 Compound Discoverer™ 软件,共快速筛查出 35 种迁移化学物质,包括天然化合物、脂肪酸乙酯、美国食品药品监督管理局(FDA)食品添加剂清单中的物质、食品接触物质中的间接添加剂、常见的邻苯二甲酸酯、烷烃、硅氧烷、酮类以及包装中的添加剂。

新型烟草如电子烟、加热不燃烧卷烟等,其烟气成分的种类及含量整体小于卷烟主流烟气,且基质较为干净,因而更有利于采用高分辨质谱技术对其气溶胶或烟液全成分进行非靶向快速筛查。国内外研究学者也对此进行了较多研究,开发了一系列快速筛查方法。

J. Cooper 等对于电子烟烟液的非靶向定性筛查,首先使用 EI 进行全扫描数据采集,然后进行光谱解卷积,并通过库匹配进行推测化合物的鉴定。为了对未知物质的鉴定增加额外的可信度,还必须进行阳离子化学电离(PCI)和阴离子化学电离(NCI)的确认步骤。非靶向筛查所使用的工作流程如图 3-8 所示。

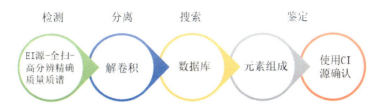

图 3-8　电子烟烟液非靶向筛查所使用的工作流程

M. R. Crosswhite 等通过气相色谱电子电离质谱法(GC-MS)和液相色谱电喷雾电离高分辨质谱法(LC-Orbitrap)非靶向分析,对 JUUL 弗吉尼亚烟草味烟弹的化学成分进行表征,使用强度抽吸方式分别识别出 79 种和 85 种化合物。所有识别出的化合物被评估并分类为 5 组:香料、有害和潜在有害成分、可提取物和可浸出物、反应产物以及无法识别的化合物。

B. Yan 等通过直接气溶胶液滴沉积法收集电子尼古丁传送系统(ENDS)气溶胶样品,使用高质量精度的 Orbitrap 质谱仪进行非靶向分析。在气溶胶中识别出了 30 多种特征,主要通过化合物的质荷比(m/z)和保留时间来表征。

M. W. Tehrani 等用液相色谱-高分辨质谱法对商业电子烟烟液和气溶胶中的化学成分进行表征。他们对四种热门电子烟产品生成的烟草口味电子烟烟液和气溶胶进行了非靶向和定量分析,得到的研究结果表明,非靶向 LC-HRMS 技术在识别电子烟烟液和气溶胶中未知的化合物和化合物类别方面具有潜力。

Z. Wen 等使用自制的真空紫外(VUV)灯,通过光电离-飞行时间质谱仪,对加热烟草产品(HTP)烟气的化学成分进行了在线分析。该设备使用毛细管入口和空气动力学透镜采集 HTP 烟气的气相和粒相,无须稀释和预处理,且可以在几分钟内切换,同时安装了热脱附装置将粒相蒸发为气相。然后,这些物质被 VUV 光子软电离,其离子通过反射进入质谱仪测量。该方法可用于测量 HTP 卷烟烟气的化学特性。

五、高分辨质谱仪在烟草代谢组学中的应用

目前,高分辨质谱仪应用于烟草代谢组学的研究热点主要集中在两个方面。一个方面是通过非靶向代谢组学等手段来研究烟草(包括烟叶、烟丝、烟气)中的各种化学成分的变化水平,通过代谢组学研究来揭示诸如不同地区、不同生长阶段的烟草样本之间的差异,从而更好地对各种烟草样本进行分类研究。另一个方面则主要聚焦于吸烟对人体新陈代谢的影响,通过对吸烟人群的生物样本(包括血液、尿液、汗液等)进行组学分析,揭示吸烟与人体健康和疾病之间的联系。下面从这两方面来阐述高分辨质谱在烟草代谢组学中的应用。

(一)代谢组学揭示烟草制品化学成分差异

2014年,中国科学院大连化学物理研究所许国旺课题组使用高分辨LC-MS分析三种不同生长区域烤烟的化学成分差异。加工后的烟草是一种重要的植物材料,其中的代谢产物在化学性质和浓度上存在很大差异,这给烟草化学成分研究带来了巨大挑战。大多数烟草研究都集中在针对某一类特定代谢产物的目标分析上,如蔗糖酯、糖苷和氨基酸,这可能导致失去重要的未知信息。

与GC-MS相比,使用LC-MS对处理过的烟草进行的代谢组学研究相对较少。之前的研究中,亲水组分和疏水组分是分别提取和分析的,这增加了操作的复杂性。在这项工作中,研究人员基于快速分离技术,开发了一种简单且高通量的方法,即一种基于快速分辨液相色谱(RRLC),与电喷雾四极杆飞行时间质谱(Q-TOF-MS)检测相结合的分析方法,用于已处理烟草的代谢组学研究。得益于高分辨质谱仪极高的质量分辨率和灵敏度,该方法前处理简单,通量高,适用于大规模的代谢组学分析。所开发的方法被应用于中国三个主要产区已处理烟草的代谢谱分析,并鉴定出了一些重要的差异化合物。

东南(SE)、湖南(HH)和西南(SW)地区的纬度、温度、降雨量和日照时长均有所不同。偏最小二乘判别分析(PLS-DA)显示,这些样本根据种植区域被明显分为三组,表明SE、HH和SW地区的代谢物存在差异。为了进一步了解这些差异,研究人员对SE和HH地区、SE和SW地区、HH和SW地区的样本分别进行了比较,并进行了PLS-DA分析和非Mann-Whitney检验,将VIP值不小于1.0且P值不大于0.05的变量视为表型分化的重要代谢物。通过这种方式,研究人员发现分别有26个、25个和31个代谢物对SE和HH地区、SE和SW地区、SW和HH地区的分类很重要。在去除重复项后,发现43种代谢物对三个种植区域的分类有贡献。

2022年,王瑞课题组基于代谢组学分析青枯病烟田土壤代谢标志物。烟草青枯病是由青枯雷尔氏菌(*Ralstonia solanacearum*)引起的土传细菌性病害,是烟草主要毁灭性病害之一,会给烟叶生产造成巨大的经济损失。王瑞等采用非靶向代谢组学方法分析青枯病烟田和健康烟田的烟株根围土壤,探讨青枯病烟田和健康烟田土壤代谢物组成的差异,为评估植烟土壤健康状况提供新的思路。

研究人员分别在6月25日、7月2日、7月23日对烟田根围土壤进行采样。LC-MS/MS分析采用Thermo Vanquish超高效液相色谱系统,联用Thermo Q-Extractive系列高分辨质谱仪。Thermo Q-Extractive质谱仪质量分辨率高,灵敏度好。研究人员从各土壤样品中鉴定出代谢物种类为894种,其中正离子模式下有700种,负离子模式下有194种。对3个时期的发病土(FBT)和健康土(JKT)两组样品分别进行主成分分析(PCA)。

如图3-9所示,在未发病时期,病田土和健康土有着显著区分。在发病中期,正离子模式下两组样本虽有一定交集,但基本能够区分开来;负离子模式下,病田土和健康土被显著区分。与之相对,在发病后期,正、负离子模式下,两组样本都互相交集,尤其是负离子模式下,病田土和健康土不能明显区分。

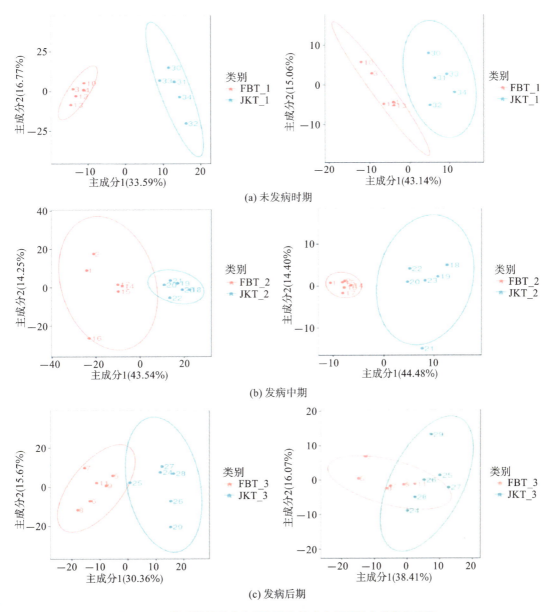

图 3-9 3个时期的发病土(FBT)和健康土(JKT)主成分分析图

注:左侧为正离子模式;右侧为负离子模式。

2024年,湖南农业大学周喜新课题组基于非靶向代谢组学研究 G80 烟叶成熟进程的代谢特征。烤烟 G80 是湖南浏阳烟区的主栽品种,色度浓、油分足。G80 在卷烟烟叶配方中有较强的使用功能,但其烤后烟叶含青比例较高、挂灰现象严重,烟叶等级难以提升。本质上说,烟叶成熟过程是烟叶内含物质合成、分解、转化、消耗和积累的过程,烟叶成熟过程中烟叶代谢的动态变化充分且直观反映了内含物质的转化过程。目前在烟草中鉴定出的代谢物已超过 3000 种,这些代谢物的理化性质和含量水平差异巨大。研究运用 LC-MS/MS 技术,分析 G80 成熟过程中的代谢差异,探究烟叶成熟过程中的关键代谢途径,从而对

G80烟叶成熟进程的代谢特征有更深入的了解。

研究人员将弱极性T3色谱体系与高分辨质谱仪联用,对样品进行亲水性、亲脂性成分兼容性检测,检测数据经过异常值过滤、缺失值填补、数据标准化等预处理后,最终保留48092个峰。依据代谢物的特征峰,结合自建数据库、METLIN、NIST等质谱数据库比对,准确定性亲水性代谢物211种、亲脂性代谢物74种。

如图3-10所示,3个成熟期分别筛选出46、44和25种差异代谢物。去除重复代谢物后,共筛选出差异代谢物94种。

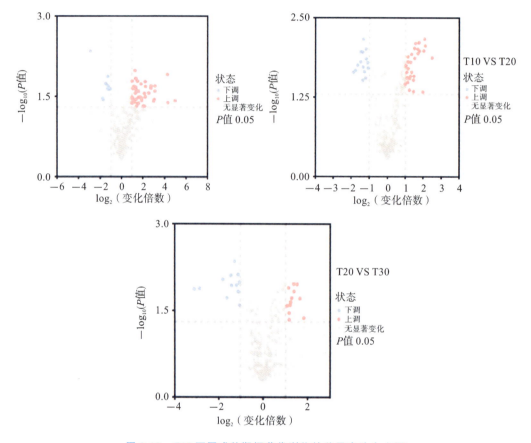

图3-10　G80不同成熟期烟草代谢物的差异表达火山图

2022年,孔维松教授课题组基于非靶向代谢组学进行红花大金元不同生育期烟叶代谢图谱差异分析。烟草生长过程中会产生上千种代谢物,这些化学物质的理化性质和含量差异较大,给烟草化学研究带来巨大挑战。传统烟草化学研究主要集中于某一类化学成分或某几种重要物质,如萜类、生物碱、多酚类等,很难全面系统地阐述烟草代谢网络。非靶向代谢组学能够全方位研究烟草品质形成过程中各类代谢产物的动态变化及其之间的相互作用关系。

研究以烟草品种红花大金元为研究对象,采集团棵期、现蕾期和成熟期烟叶样品,利用LC-QTOF-MS进行高通量代谢指纹图谱检测。研究人员利用MS-DIAL软件对质谱数据进行解析，共识别出 4086 个含有二级碎片的一级质谱峰，其中正模式下有 3241 个，负模式下有 845 个。基于方差分析及质谱数据库比对，共鉴定出 245 个显著变化代谢物（$P<0.05$），主要包括类黄酮、有机酸、氨基酸、核苷、生物碱、酚酸、脂类、糖、甾醇、维生素等物质。

2022 年，Zhu 课题组基于代谢组学和蛋白质组学揭示烟叶不同生长阶段香气前体的合成差异，文章发表于 *Plant Physiology and Biochemistry*。烟草是重要的经济作物和模式植物，其生长发育过程中经历了一系列代谢变化。烟叶中化合物总量是衡量烟草制品质量的主要因素，此外，化合物在不同生长阶段的分布也为合适的收获时间提供可靠的数据参考。因此，研究不同生长阶段烟草鲜叶中香气前体的含量及其合成机制具有重要意义。然而，目前利用多组学研究不同生育期烟草叶片香气前体含量变化及合成机制差异的研究很少。

该课题组采用非靶向代谢组学技术，观察了烟草叶片在三个生长阶段——根分生期（RP）、生长旺期（PP）和成熟期（MP）中代谢物的变化。然后，利用基于无标记定量蛋白质组学的生物信息学工具对上述三个时期的烟叶蛋白质进行鉴定和分析。这三个阶段的可变蛋白为探索香气前体差异背后的生物合成提供了线索。

2023 年，Hu 课题组基于非靶向代谢组学解释烤烟香气物质的组成和含量。烤烟香气物质的组成和含量直接决定了卷烟的质量，因此烤烟香气物质的研究对生产具有重要的指导意义。烤烟的香气物质按其香气官能团主要分为有机酸类、多酚类、醇类、醛类、酮类、生物碱等，其含量主要受烤烟种类的影响。非靶向代谢组学技术通过分析烟叶中存在的所有代谢物，从全局角度表征烟叶代谢组学，弥补了传统研究方法的局限性。该方法具有公正、全面、高效、方便等优点。

目前，利用非靶向代谢组学研究烤烟品种 K326 和 KRK26 烤制前后品质变化的报道较少。K326 是中国广泛种植的优质烤烟品种，KRK26 是在 K326 基础上选育的另一个品种。这些品种造就了这些香烟的独特地域特征。为探究 K326 和 KRK26 在传统三期烤烟工艺下香气物质及含量的变化，并比较两个品种之间的差异，Hu 课题组以 K326 和 KRK26 为研究对象，基于 LC-MS/MS 和 GC-MS 方法对烤烟烟叶烤制前后进行了非靶向代谢组学分析，将有效拓展烟草代谢谱，提供更有价值的代谢信息。研究结果将为后续烤烟工艺的改进和优化提供参考，也将增加一些可能影响烟叶风味的代谢物的信息，为改善烟叶风味和品质的理论和应用研究提供参考。两个品种的比较也将为工业生产中原料的选择提供理论参考。

2021 年，Xu 课题组研究了不同施氮量对雪茄烟叶品质和代谢组学的影响，主要使用高分辨 LC-MS/MS。氮（N）是植物体内必需的营养元素，参与生理生化调节。然而，不同施氮量对雪茄烟（*Nicotiana tabacum L.*）生长的影响并不清楚。研究探讨了不同外源施氮对成熟期和熟化期雪茄烟叶农艺性状和营养品质的影响，采用非靶向代谢组学方法，鉴定出苯丙氨酸、磷酸丝氨酸、谷氨酸、氧脯氨酸、琥珀基高丝氨酸和高丝氨酸 6 种差异显著的代谢物，并确定了三羧酸循环的主要代谢途径。研究结果为进一步了解外源施氮对雪茄烟生理、生化和代谢过程的影响提供了依据,为雪茄烟生产中的施肥控制提供了参考。

(二)代谢组学揭示吸烟与人体健康和疾病的联系

2015年,Wang课题组基于高分辨LC-MS研究烟草烟雾诱导慢性支气管炎新生物标志物代谢组学鉴定。烟草烟雾(TS)是导致慢性支气管炎(CB)的主要因素。然而,TS诱导的CB机制尚不清楚。研究采用液相色谱-高分辨质谱(LC-MS)的非靶向代谢分析方法,对暴露于不同浓度TS的大鼠进行黑炭黑代谢特征的表征,检测黑炭黑大鼠血清中代谢模式的改变,探讨黑炭黑的作用机制,结果如图3-11所示。在大鼠血清中鉴定出11种潜在的生物标志物。其中,TS组溶血磷脂酰乙醇胺(18:1)、溶血磷脂酸(18:1)、溶血磷脂酰乙醇胺(18:0)、溶血磷脂酰乙醇胺(16:0)、溶血磷脂酰乙醇胺(20:4)、二十二碳六烯酸、5-羟基吲哚乙酸和5′-羧基-γ-生育酚水平均高于对照组。此外,TS组4-咪唑酮-5-丙酸、12-羟基二碳四烯酸和尿苷水平较低。结果表明,黑炭黑的作用机制与氨基酸代谢和脂质代谢有关,尤其是脂质代谢。此外,溶血磷脂酰乙醇胺被证明是重要的介质,可作为诊断CB的生物标志物。这些结果也表明代谢组学适用于诊断结核分枝杆菌和阐明TS诱导结核分枝杆菌可能的代谢途径。

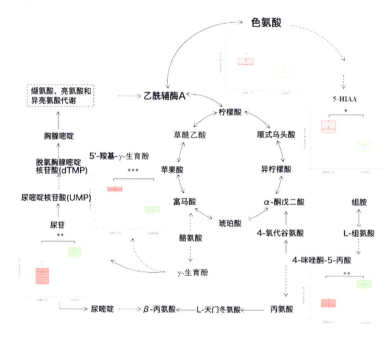

图3-11 代谢网络示意图,包括显著变化的代谢物

图中,相对量在化学名称下标注;实线表示直接反应,虚线表示多步反应;红色和绿色柱状图分别表示TS组和对照组归一化后的内容;$*P<0.05$;$**P<0.01$;$***P<0.001$。

2022年,Cui课题组通过高分辨质谱蛋白质组学和代谢组学研究COVID-19患者吸烟的不良炎症反应中特异性的生物标志物。吸烟是否影响COVID-19的发生、发展仍是一个有争议的问题,COVID-19患者进展中吸烟不良后果的潜在生物标志物尚未被阐明。

为了进一步揭示两者之间的联系,探索有效的生物标志物,该研究通过文献检索建立了人类血清蛋白质组学和代谢组学水平的 3 个蛋白质组学和代谢组学数据库(即吸烟状况、COVID-19 状况和人群基本信息)。然后进行生物信息学分析,分析上述三个数据库中蛋白质或代谢物的相互作用及其生物学效应,控制潜在的混杂因素(年龄、体重指数(BMI)和性别)以提高可靠性。这些数据表明,吸烟可能通过诱导功能失调的免疫反应,增加 COVID-19 患者从非重症转化到重症的相对风险。研究发现 7 种相互作用蛋白(C8A、LBP、FCN2、CRP、SAA1、SAA2 和 VTN)通过刺激补体途径和巨噬细胞吞噬以及抑制相关负调控途径促进 COVID-19 恶化,可作为反映和预测吸烟 COVID-19 患者不良结局的生物标志物。与免疫和炎症相关的三个关键途径,包括色氨酸、精氨酸和甘油磷脂代谢,被认为会影响吸烟对 COVID-19 患者的不良结果。

2022 年,Liang 课题组发表亚特兰大非裔美国母婴队列中妊娠期间暴露于烟草烟雾和不良分娩结局的高分辨率代谢组学研究。怀孕期间接触烟草烟雾与一系列不利的生殖结果有关,然而,潜在的分子机制尚未确定。该课题组进行了一项非靶向的全代谢组关联研究,以确定可替宁(一种广泛使用的烟草暴露生物标志物)与不良出生结局之间的代谢扰动和分子机制。研究人员收集了来自亚特兰大非裔美国人母婴队列(2014—2016 年)的 105 名孕妇的妊娠早期和晚期尿液样本用于可替宁测量,血清样本用于高分辨质谱代谢组学(HRM)分析。其使用广义线性模型的无目标工作流程进行分析,通过途径富集分析和化学注释,采用中间相遇方法,评估了介导产前烟草烟雾暴露和不良分娩结局的母体代谢组扰动。

妊娠早期和晚期产妇尿液可替宁浓度中位数分别为 5.93 $\mu g/g$ 肌酐和 3.69 $\mu g/g$ 肌酐。在每次访问时,通过正、负电喷雾电离模式分别在血清样本中鉴定出 16481 和 13043 个代谢特征。在妊娠早期和晚期发现 12 种代谢途径与可替宁浓度和不良出生结局相关,包括色氨酸、组氨酸、尿素循环、精氨酸和脯氨酸代谢。研究人员确认了 47 种代谢物与可替宁水平、早产和较短胎龄相关,包括谷氨酸、丝氨酸、胆碱和牛磺酸,它们与内源性炎症、血管反应性和脂质过氧化过程密切相关。与可替宁水平相关的代谢紊乱与炎症、氧化应激、胎盘血管形成和胰岛素作用有关,这可能导致妊娠期缩短。这些发现将支持进一步了解与烟草烟雾暴露相关的潜在内部反应,特别是非裔美国妇女,她们暴露于高烟草烟雾中,并拥有更高的不良分娩结果。

2020 年,B. T. Kopp 教授课题组运用高分辨质谱代谢组学揭示烟草暴露对于肺囊肿儿童健康的影响。炎症是囊性纤维化儿童早期疾病进展的一个重要组成。目前,人们对环境因素对囊性纤维化患者感染和炎症的影响知之甚少。之前研究发现,囊性纤维化儿童中二手烟暴露(SHSe)十分普遍。二手烟暴露与炎症增加、细菌负荷增加以及临床结果恶化有关。然而,调控囊性纤维化中二手烟暴露反应的特定代谢物和信号通路尚不清楚。

在研究中,对患有囊性纤维化(CF)的婴儿($n = 25$)和儿童($n = 40$)的血浆样本进行了高分辨率代谢组学分析,并与非囊性纤维化对照组($n = 15$)进行了比较。囊性纤维化组根据婴儿或儿童的年龄和二手烟暴露(SHSe)状态进行了分层。

高分辨质谱代谢组学具有其他方法所不具备的高通量性和灵敏度。研究人员使用液相色谱和傅里叶变换高分辨质谱仪（Dionex Ultimate 3000，Q-Exactive HF，Thermo Scientific）分析样本提取物。对于每个样本，使用亲水相互作用液相色谱（HILIC）以正模式运行的电喷雾电离（ESI）源和负模式运行的 ESI 的反相色谱，对 10 μL 等分试样进行三次分析，以进行代谢组学分析和评估。

接下来，研究人员使用层次聚类法生成了按年龄（婴儿和儿童）分组的囊性纤维化（CF）患者中前十五种差异表达代谢物的热图，如图 3-12 所示。聚类算法根据二手烟暴露（SHSe）状态将婴儿分开。暴露于二手烟的囊性纤维化婴儿表现出几种代谢物的抑制，包括亚油酸、棕榈酸和肉豆蔻酸。与未暴露于二手烟的婴儿相比，患有囊性纤维化和暴露于二手烟的婴儿还表现出其他几种代谢物的升高。值得注意的是，与没有暴露于二手烟的囊性纤维化儿童相比，暴露于二手烟的囊性纤维化儿童中前一组代谢物发生了完全不同的变化。囊性纤维化儿童中的二手烟暴露与几种代谢物的表达降低有关，包括花生四烯酸、亚牛磺酸和 5-羟基吲哚乙酸。

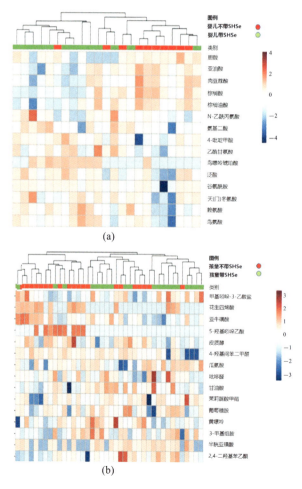

图 3-12　在二手烟暴露下的代谢组学聚类特征

总的来说，研究中囊性纤维化（CF）的儿童和婴儿中的二手烟暴露与改变的全球代谢组学特征和特定的生化途径有关，包括增强的氧化应激。二手烟暴露是早期囊性纤维化疾病中一个重要因素，但目前对其研究不足。

参考文献

[1] PHARES D J，COLLIER S，ZHENG Z，et al. In-situ analysis of the gas-and particle-phase in cigarette smoke by chemical ionization TOF-MS[J]. Journal of Aerosol Science，2017，106：132-141.

[2] ADAM T，MITSCHKE S，BAKER R R. Investigation of tobacco pyrolysis gases and puff-by-puff resolved cigarette smoke by single photon ionisation (SPI)-time-of-flight mass spectrometry (TOF-MS)[J]. Contributions to Tobacco & Nicotine Research，2009，23(4)：203-226.

[3] 庞永强，姜兴益，罗彦波，等. PI-TOF/MS 法逐口在线分析卷烟主流烟气中 7 种有机物[J]. 烟草科技，2015，48(4)：37-41.

[4] STREIBEL T，MITSCHKE S，ADAM T，et al. Time-resolved analysis of the emission of sidestream smoke (SSS) from cigarettes during smoking by photo ionisation/time-of-flight mass spectrometry (PI-TOF-MS)：towards a better description of environmental tobacco smoke[J]. Analytical and Bioanalytical Chemistry，2013，405：7071-7082.

[5] GAUGG M T，GOMEZ D G，BARRIOS-COLLADO C，et al. Expanding metabolite coverage of real-time breath analysis by coupling a universal secondary electrospray ionization source and high resolution mass spectrometry—a pilot study on tobacco smokers[J]. Journal of Breath Research，2016，10(1)：016010.

[6] GARCÍA-GÓMEZ D，GAISL T，BARRIOS-COLLADO C，et al. Real-time chemical analysis of E-cigarette aerosols by means of secondary electrospray ionization mass spectrometry[J]. Chemistry—A European Journal，2016，22(7)：2452-2457.

[7] PAUL A，KHAN Z，BHATTACHARYYA A，et al. Multiclass pesticide residue analysis in tobacco (Nicotiana tabacum) using high performance liquid chromatography-high resolution (Orbitrap) mass spectrometry：A simultaneous screening and quantitative method[J]. Journal of Chromatography A，2021，1648：462208.

[8] KAISER S，DIAS J C，ARDILA J A，et al. High-throughput simultaneous quantitation of multi-analytes in tobacco by flow injection coupled to high-resolution mass spectrometry[J]. Talanta，2018，190：363-374.

[9] QIN Y，PAN L，SUN X，et al. Accurate and sensitive analysis of sulfur aroma compounds in tobacco by NADES-enhancing HS-SPME Arrow coupled with GC-Orbitrap-MS[J]. Microchemical Journal，2024，197：109805.

[10] JIA C, WANG Y, ZHU Y, et al. Preparative isolation and structural characterization of sucrose ester isomers from oriental tobacco[J]. Carbohydrate Research, 2013, 372: 73-77.

[11] QI D, FEI T, LIU H, et al. Development of multiple heart-cutting two-dimensional liquid chromatography coupled to quadrupole-orbitrap high resolution mass spectrometry for simultaneous determination of aflatoxin B1, B2, G1, G2, and ochratoxin A in snus, a smokeless tobacco product[J]. Journal of Agricultural and Food Chemistry, 2017, 65(45): 9923-9929.

[12] JIA C, ZHU Y, ZHANG J, et al. Identification of glycoside compounds from tobacco by high performance liquid chromatography/electrospray ionization linear ion-trap tandem mass spectrometry coupled with electrospray ionization orbitrap mass spectrometry[J]. Journal of the Brazilian Chemical Society, 2017, 28: 629-640.

[13] KAISER S, SOARES F L F, ARDILA J A, et al. Innovative approaches for estimating the levels of tobacco-specific nitrosamines in cured tobacco samples[J]. Chemical Research in Toxicology, 2018, 31(9): 964-973.

[14] ZHANG X, WANG R, ZHANG L, et al. Simultaneous determination of tobacco minor alkaloids and tobacco-specific nitrosamines in mainstream smoke by dispersive solid-phase extraction coupled with ultra-performance liquid chromatography/tandem orbitrap mass spectrometry[J]. Rapid Communications in Mass Spectrometry, 2018, 32(20): 1791-1798.

[15] KONOREV D, BELLAMRI M, WU C F, et al. High-field asymmetric waveform ion mobility spectrometry analysis of carcinogenic aromatic amines in tobacco smoke with an orbitrap tribrid mass spectrometer[J]. Chemical Research in Toxicology, 2023, 36(8): 1419-1426.

[16] 申素素, 梁大鹏, 陈焕文, 等. 聚丙烯腈和二氧化硅复合纤维膜富集-高分辨质谱法测定烟气中的有害化合物[J]. 分析化学, 2017, 45(2): 253-260.

[17] LI Y, BURNS A E, BURKE G J P, et al. Application of high-resolution mass spectrometry and a theoretical model to the quantification of multifunctional carbonyls and organic acids in e-cigarette aerosol[J]. Environmental Science & Technology, 2020, 54(9): 5640-5650.

[18] 尹锐. 基于GC-QTOF烟草中农药多残留筛查技术研究[D]. 北京: 中国农业科学院, 2019.

[19] 司晓喜, 陆舍铭, 刘志华, 等. 气相色谱-负化学电离源-飞行时间质谱测定烟草中有机氯农药残留[J]. 色谱, 2016, 34(3): 340.

[20] 司晓喜, 朱瑞芝, 刘志华, 等. 气相色谱-飞行时间质谱快速鉴定和定量测定烟草中43种农药[J]. 分析测试学报, 2016, 35(5): 532-538.

[21] 司晓喜,朱瑞芝,张凤梅,等.微波辅助萃取-气相色谱-负化学电离/电子轰击电离-飞行时间质谱法测定烟草中农药残留[J].色谱,2016,34(6):608-614.

[22] AHMED N, UMAR Z A, AHMED R, et al. On the elemental analysis of different cigarette brands using laser induced breakdown spectroscopy and laser-ablation time of flight mass spectrometry[J]. Spectrochimica Acta Part B: Atomic Spectroscopy, 2017, 136: 39-44.

[23] ZELINKOVA Z, WENZL T. Profiling of volatile substances by direct thermal desorption gas chromatography high-resolution mass spectrometry for flagging a characterising flavour in cigarette tobacco[J]. Analytical and Bioanalytical Chemistry, 2021, 413: 2103-2111.

[24] KORZUN T. Evaluation of synthetic dyes and food additives in electronic cigarette liquids: health and policy implications[D]. States of Oregon: Portland State University Tetiana Korzuh, 2018.

[25] BARHDADI S, COURSELLE P, DECONINCK E, et al. The analysis of cannabinoids in e-cigarette liquids using LC-HRAM-MS and LC-UV[J]. Journal of Pharmaceutical and Biomedical Analysis, 2023, 230: 115394.

[26] ZHU R, CHEN H, LIU M, et al. Nontargeted screening of aldehydes and ketones by chemical isotope labeling combined with ultra-high performance liquid chromatography-high resolution mass spectrometry followed by hybrid filtering of features[J]. Journal of Chromatography A, 2023, 1708: 464332.

[27] ZOU X, BK A, RAUF A, et al. Screening of polyphenols in tobacco (Nicotiana tabacum) and determination of their antioxidant activity in different tobacco varieties[J]. ACS omega, 2021, 6(39): 25361-25371.

[28] COOPER J, ALLEN C, COJOCARIU C, et al. Comprehensive chemical characterization of e-cigarette liquids using high-resolution Orbitrap GC-MS[J]. Thermo Fisher Scientific Inc, 2019.

[29] ADENIJI A, EL-HAGE R, BRINKMAN M C, et al. Nontargeted analysis in tobacco research: challenges and opportunities[J]. Chemical Research in Toxicology, 2023, 36(11): 1656-1665.

[30] KNORR A, ALMSTETTER M, MARTIN E, et al. Performance evaluation of a nontargeted platform using two-dimensional gas chromatography time-of-flight mass spectrometry integrating computer-assisted structure identification and automated semiquantification for the comprehensive chemical characterization of a complex matrix[J]. Analytical Chemistry, 2019, 91(14): 9129-9137.

[31] 李海锋,钟科军,路鑫,等.全二维气相色谱/飞行时间质谱(GC×GC-TOF-MS)用于烟叶中挥发、半挥发性碱性化合物的组成研究[J].化学学报,2006,64(18):

1897-1903.

[32] 鹿洪亮,赵明月,刘惠民.全二维气相色谱—飞行时间质谱法测定烟草的中性化学成分[J].色谱,2007,25(1):30-34.

[33] 李莉,蔡君兰,蒋锦锋,等.全二维气相色谱/飞行时间质谱法分析烟草挥发和半挥发性酸性成分[J].烟草科技,2006(5):25-32.

[34] 李海锋,路鑫,鹿洪亮,等.全二维气相色谱/飞行时间质谱(GC×GC-TOF-MS)用于烟叶中酸性成分的分离和分析[J].高等学校化学学报,2006(4):612-617.

[35] ZUZANA Z, THOMAS W. Identification of cigarette brands by soft independent modeling of class analogy (SIMCA) of volatile substances[J]. Nicotine and Tobacco Research,2020,22(6):997-1003.

[36] 郑晓云,熊晓敏,万敏,等.薄荷卷烟中香味成分的全二维气相色谱/飞行时间质谱分析[J].化学研究,2010,21(5):77-81.

[37] ARNDT D, WACHSMUTH C, BUCHHOLZ C, et al. A complex matrix characterization approach, applied to cigarette smoke, that integrates multiple analytical methods and compound identification strategies for non-targeted liquid chromatography with high-resolution mass spectrometry[J]. Rapid Communications in Mass Spectrometry,2020,34(2):8571.

[38] 路鑫,蔡君兰,武建芳,等.全二维气相色谱/飞行时间质谱用于卷烟主流烟气中酚类化合物的表征[J].化学学报,2004,62(8):804-810.

[39] LU X, ZHAO M Y, KONG H W, et al. Characterization of complex hydrocarbons in cigarette smoke condensate by gas chromatography-mass spec-trometry and comprehensive two-dimensional gas chromatography-time-of-flight mass spectrometry[J]. Journal of Chromatography A,2004,1043:265-273.

[40] 杨菁,谢雯燕,陈磊,等.卷烟主流烟气粒相物中中性化学成分的全二维气相色谱飞行时间质谱(GC×GC-TOF-MS)谱图特征识别[J].分析测试学报,2012,31(3):255-260.

[41] BROKLA M, BISHOPB L, WRIGHTB C G, et al. Multivariate optimization and analysis of cigarette mainstream smoke particulate phase by GC×GC-TOF-MS[J]. European GC×GC Symposium,2014.

[42] SAPOZHNIKOVA Y. Non-targeted screening of chemicals migrating from paper-based food packaging by GC-Orbitrap mass spectrometry[J]. Talanta,2021,226:122120.

[43] CROSSWHITE M R, BAILEY P C, JEONG L N, et al. Non-targeted chemical characterization of JUUL Virginia tobacco flavored aerosols using liquid and gas chromatography[J]. Separations,2021,8(9):130.

[44] YAN B, ZAGOREVSKI D, ILIEVSKI V, et al. Identification of newly

formed toxic chemicals in E-cigarette aerosols with Orbitrap mass spectrometry and implications on E-cigarette control [J]. European Journal of Mass Spectrometry, 2021, 27(2-4): 141-148.

[45] TEHRANI M W, NEWMEYER M N, RULE A M, et al. Characterizing the chemical landscape in commercial e-cigarette liquids and aerosols by liquid chromatography - high-resolution mass spectrometry [J]. Chemical Research in Toxicology, 2021, 34(10): 2216-2226.

[46] WEN Z, LI X, GU X, et al. Online analysis of chemical composition and size distribution of fresh cigarette smoke emitted from a heated tobacco product [J]. MethodsX, 2022, 9: 101912.

[47] LI L, ZHAO C, CHANG Y, et al. Metabolomics study of cured tobacco using liquid chromatography with mass spectrometry: Method development and its application in investigating the chemical differences of tobacco from three growing regions [J]. Journal of Separation Science, 2014, 37(9-10): 1067-1074.

[48] 王瑞,谭军,樊俊,等.基于代谢组学分析青枯病烟田土壤代谢标志物[J].中国烟草学报,2022,28(5):104-112.

[49] 钟汝力,卢向阳,刘璐,等.基于非靶向代谢组学的G80烟叶成熟进程的代谢特征[J].湖南农业大学学报(自然科学版),2024(4):1-7.

[50] 向海英,刘欣,逄涛,等.基于非靶向代谢组学的红花大金元不同生育期烟叶代谢图谱差异分析[J].中国烟草学报,2022,28(4):77-84.

[51] LIU A, YUAN K, LI Q, et al. Metabolomics and proteomics revealed the synthesis difference of aroma precursors in tobacco leaves at various growth stages[J]. Plant Physiology and Biochemistry, 2022, 192: 308-319.

[52] ZOU L, SU J, XU T, et al. Untargeted metabolomics revealing changes in aroma substances in flue-cured tobacco[J]. Open Chemistry, 2023, 21(1): 20220326.

[53] YANG R, YANG J, YU J, et al. Effects of different nitrogen application rates on the quality and metabolomics of cigar tobacco[J]. Agronomy Journal, 2022, 114(2): 1155-1167.

[54] REN X, ZHANG J, FU X, et al. LC-MS based metabolomics identification of novel biomarkers of tobacco smoke-induced chronic bronchitis [J]. Biomedical Chromatography, 2016, 30(1): 68-74.

[55] CUI T, MIAO G, JIN X, et al. The adverse inflammatory response of tobacco smoking in COVID-19 patients: biomarkers from proteomics and metabolomics [J]. Journal of Breath Research, 2022, 16(4): 046002.

[56] TAN Y, BARR D B, RYAN P B, et al. High-resolution metabolomics of exposure to tobacco smoke during pregnancy and adverse birth outcomes in the Atlanta

African American maternal-child cohort [J]. Environmental Pollution, 2022, 292: 118361.

[57] WISNIEWSKI B L, SHRESTHA C L, ZHANG S, et al. Metabolomics profiling of tobacco exposure in children with cystic fibrosis [J]. Journal of Cystic Fibrosis, 2020, 19(5): 791-800.

第四章

基于低场核磁共振(NMR)技术的烟草水分检测方法

第一节 低场核磁共振技术的基本原理

一、低场核磁共振技术的基本概念

核磁共振作为一种实时、无损、无侵入的定量测量技术,能够从微观的角度反映农产品的含水率、水分赋存状态等多种指标参数,在食品科学研究领域引起国内外学者广泛关注。其不仅被应用于农产品的含水率、水分分布等性质的测定,还被应用于农产品成熟度、干燥水分扩散等方面的研究。核磁共振技术应用于各种原料的水分含量测定,与其他方法相比,具有迅速、无破坏性和非入侵性等优点。

目前,烟草行业尚未建立基于核磁共振技术的烟草及烟草制品水分的测定方法,因此,本章拟利用核磁检测设备对烟草水分含量进行测定,考察样品形态、样品制备方法、检测参数等对检测结果的影响及检测方法可靠性,建立利用核磁共振技术检测烟草及烟草制品水分的方法。通过此项研究,建立一种方便、快速、科学的烟草及烟草在制品水分检测方法,为卷烟生产质量控制提供基础数据与理论支撑。

二、低场核磁共振技术的测试原理

核磁共振(nuclear magnetic resonance,NMR)技术已成为石油勘探、食品分析和医学诊断等行业重要的分析手段。核磁共振的观测对象是具有磁矩的原子核(例如1H)。在静磁场中原子核会发生能级分裂,高低能级之间存在能级差,若外加射频(radio frequency,RF)电磁波照射的能量等于该能级差,处于低能级的原子核会吸收射频能量而发生能级跃迁,这种现象叫作核磁共振。

射频终止后,处于高能级的原子核会释放能量(释放特定频率的电磁波)回到低能级,即原子核从非平衡态恢复到平衡态(弛豫过程),可利用核磁共振分析仪检测到微弱的能量,即核磁共振信号。

第二节　低场核磁共振技术测试方法

核磁信号强度与样品中水分含量存在正相关关系,利用核磁共振技术测定已知含水量的标样,得出相对应的核磁信号强度,建立核磁信号强度与含水量关系的标线,再测定待测样品的核磁信号强度,可以通过标线得出待测样品的水分含量。

一、仪器及材料

实验设备及仪器:核磁共振成像分析仪;电子天平(感量:0.0001 g);聚四氟乙烯核磁管(外径 40 mm),KBF240 恒温恒湿箱。

测试环境温湿度:温度为(22±2)℃;湿度为(60±5)%。

二、测试条件

(一)核磁管规格及装样高度的确定

基于对仪器磁场均匀性等要求,样品的高度必须小于所设定的视野 Fov(40 mm)值。为保证样品检测结果的准确性,确定样品装样高度为不大于 38 mm。

(二)扫描次数的确定

以提高信噪比为设置原则,参考《岩样核磁共振参数实验室测量规范》(SY/T 6490—2023)第 6 章所规定的采集参数的设置,低场核磁共振检测烟草及烟草制品水分时信噪比宜控制在 80 以上。同一物料情况下,随着扫描次数的增加,信噪比随之增加;随着物料水分的增加,核磁信号量也会增加,信噪比也随之增大,在低含水量时易出现信噪比较低的情况。因此综合考虑测试结果的准确性和测试时间,结合生产实际的水分范围,确定扫描次数为 16 次。

(三)核磁序列及检测次数的确定

1. 核磁序列的确定

据文献调研,目前利用核磁共振分析物料水分含量的序列主要有两种:FID 和 CPMG 序列。FID 和 CPMG 序列的检测结果均较好,两种序列的检测结果变异系数均小于 2%,其中 CPMG 序列的变异系数均小于 1%,优于 FID 序列。CPMG 脉冲序列以自旋回波脉冲序列为基础,在 $(90°)x$ 脉冲之后连续施加一系列等间隔偶数个 $(180°)y$ 脉冲,该序列是在 Hahn 回波测量序列的基础上发展起来的,不仅消除了磁场不均匀性对 T_2 的影响,并且可以在信号的回波峰点处采集到不受磁场均匀性影响的数据。通过理论与实际测试结果分析,确定烟草水分核磁共振法的测试序列为 CPMG 序列。

2. 检测次数的确定

对 CPMG 序列核磁信号数据依次进行两次、三次、四次及五次的均值、标准偏差及变异系数计算,在检测范围内,两次、三次、四次、五次的均值及变异系数没有明显的差异,因此确定核磁共振法检测水分的检测次数为两次。

(四)样品量的确定

利用低场核磁共振技术测定烟草内水分含量,需要确定合适的装样量,装样量会影响样品的代表性。为确定合适的装样量,实验考察了平衡后的烟片、叶丝、烟梗、梗丝、膨胀烟丝、薄片 6 种物料,每种物料均考察了 2~11 g 样品量范围内核磁检测的信号量。每个质量平行测定 3 个样品,每个样品平行测定 3 次,求其均值,随着样品量的增大,所测试样品的 CPMG 核磁信号量变异系数均有所下降。在实际测试过程中发现梗丝、膨胀烟丝等具有较高的填充值,在样品量高于 8 g 时不易压到检测高度,因此综合考虑样品的代表性及测试结果稳定性,确定实验的样品量为 7 g。

(五)物料温度对测试结果的影响

因烟草水分检测一般在室温下进行,而核磁共振分析仪的检测腔体工作温度为 $(32±0.1)℃$,且烟草物料的水分易受温度影响,因此利用间接法考察物料温度对测试结果的影响,即利用带有密封性能的定制聚四氟乙烯管装入烟丝样品,密封并放入核磁共振分析仪中进行检测,分别测量 0 min、5 min、10 min、15 min、20 min、25 min、30 min、40 min、50 min、60 min、70 min 的 CPMG 首点信号值,通过使物料在高于物料温度的环境中逐渐升温,间接考察被测物料温度变化对测量结果的影响。烟草物料在 $(32±0.1)℃$ 检测环境中不断升温，CPMG信号量没有明显的差异，检测结果变异系数较小，说明物料温度对检测结果没有明显的影响。

（六）装样密度对测试结果的影响

采用核磁共振技术检测烟草水分时，需要将一定量的烟草物料装入测试样品管中，为了考察装样密度及其均匀性对检测结果的影响，选取叶丝为测试样品，进行了两种方式的测试：一是同一质量的样品（约7 g）不同的装填高度，即将测试样品装填进以聚四氟乙烯材料制作的压实器中，旋扭压实器形成不同的装样高度（即装样密度不同），放入核磁共振分析设备中进行测试；二是不同质量的样品同一装填高度，分别称取约4.0 g、5.0 g、6.0 g、7.0 g的样品，装填高度为38 mm。两种装样密度的测试结果，其变异系数均小于2%，装样密度对测试结果无明显的影响。

（七）标准工作曲线的建立

1. 标准工作曲线制作

低场核磁共振技术是通过傅里叶变换把样品的磁共振信号变换成波谱（频率）的一种微观分析方法。T_2衰减曲线的信号首点值与样品的总含水量成正比；横向弛豫时间 T_2 的变化可以反映出各种状态水分的流动特性及水分变化，反演后得到的 T_2 弛豫谱的每个波峰对应不同状态的水分，且波峰的信号幅度、峰面积均可以表征所对应状态水分含量及所占比例，如图4-1所示。低场核磁共振 T_2 弛豫谱的总峰面积或衰减曲线的首点信号值与样品中氢质子的数量成正比，用总峰面积或者信号首点值可以表示样品的水分含量；通过标样拟合建立的含水量和横向弛豫谱的峰面积或衰减曲线的信号首点值的标准曲线，再通过测量待测样品的核磁信号可以迅速计算出待测烟草样品的含水量。

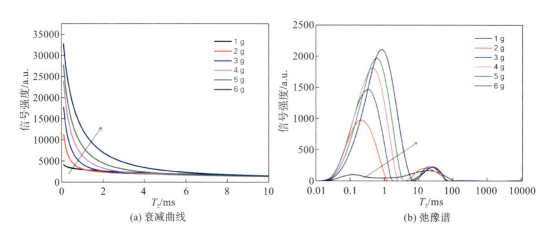

图4-1　低场核磁 T_2 衰减曲线及 T_2 弛豫谱

称取不同质量的烟草物料(烟片、叶丝、烟梗、梗丝、膨胀烟丝、薄片)样品,形成梯度如 3 g、4 g、5 g、6 g、7 g、8 g,利用 CPMG 序列测量样品的横向弛豫谱,提取 CPMG 首点信号值,每个样品平行测定 5 次,以平均值计;用烘箱法测定样品的含水量,以水分含量为纵坐标,CPMG 首点信号值为横坐标,绘制关系曲线或计算线性回归方程,拟合 CPMG 首点信号值和含水量得到一条标准曲线,如图 4-2~图 4-7 所示。

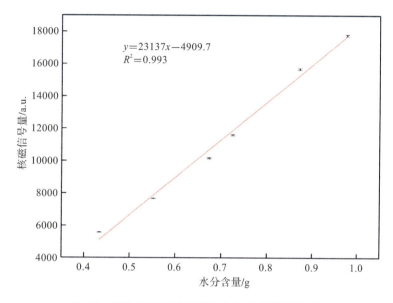

图 4-2 烟片 CPMG 首点信号值与含水量的关系图

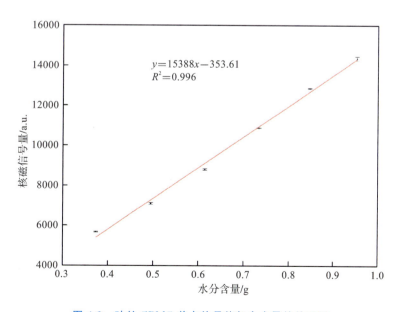

图 4-3 叶丝 CPMG 首点信号值与含水量的关系图

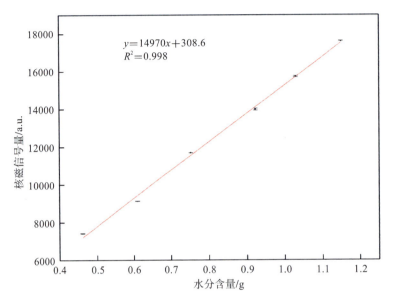

图 4-4　烟梗 CPMG 首点信号值与含水量的关系图

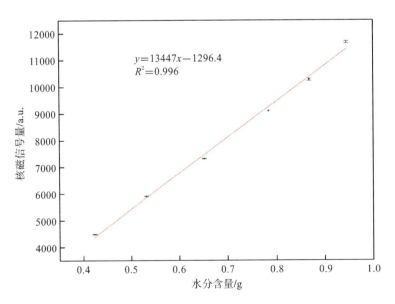

图 4-5　梗丝 CPMG 首点信号值与含水量的关系图

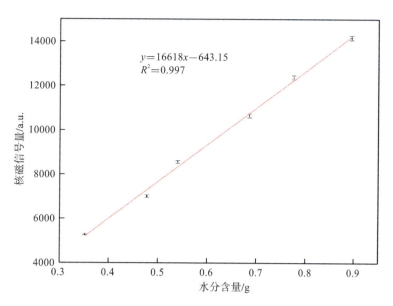

图 4-6　膨胀烟丝 CPMG 首点信号值与含水量的关系图

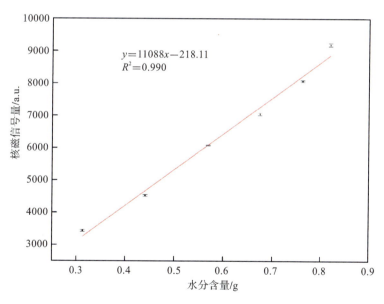

图 4-7　薄片 CPMG 首点信号值与含水量的关系图

2. 结果的计算与表述

将待测样品所得两次 CPMG 首点信号值均值代入标准工作曲线,计算得到样品含水量,进而可求得含水率。

试样的水分质量百分含量可按照式(4-1)计算得出。

$$W = \frac{m}{M} \times 100\% \qquad (4-1)$$

式中：

　　W——试样的水分质量百分含量，%；

　　m——待测样品测定含水量，g；

　　M——试样质量，g。

取两个平行样品的算术平均值为检测结果，结果精确至 0.01%。

3. 标线的适用性

以叶丝标线为例，不同牌号（不同模块）的叶丝对所建立的标线进行实验验证，每个牌号（模块）检测五次并与烘箱法进行对比，所建立的标线对不同牌号（不同模块）的叶丝均适用。

4. 检出限

以叶丝标线为例，采用所建立的低场核磁共振分析方法（简称核磁法），对 3%～4% 水分含量的样品平行测试 10 次，计算测定水分含量的标准偏差，以 3 倍标准偏差作为方法的水分含量检出限。

5. 回收率

以叶丝标线为例，采用定量加入法测定方法的回收率。在烟草样品中用定量进样器分别加入 50 mg、100 mg、150 mg 的水，进行核磁共振法分析，平行测定 8 次，根据加入量和计算值计算回收率，测定值相对标准偏差（RSD）为 0.60%～1.58%，回收率为 98.74%～104.01%。

（八）检测方法的准确性及测量范围评价

1. 样品制备

测试样品为烟片、叶丝、烟梗、梗丝、膨胀烟丝、薄片，其中烟梗剪切成 2 cm 左右长度，六种待测样品均放入符合《烟草及烟草制品　调节和测试的大气环境》（GB 16447—2004）规定的恒温恒湿箱平衡 48 小时后待用。

2. 实验方法

按所建立的核磁法进行待测样品的水分检测，每个形态的样品取 15 个进行水分测定，每个样品平行检测 2 次，以 2 次的核磁信号量均值计；并对 15 个样品进行烘箱法测定对比。样品量为 (7.0±0.2) g，采用 CPMG 序列：SW=200 KHz，SF=20 MHz，O1=731769.68 Hz，P1=11.52 μs，TD=40004，RFD=0.025 ms，RG1=10.0 db，DRG1=1，Tw=1000 ms，P2=22.48 μs，TE=0.1 ms，NECH=2000，PRG=3，NS=16。

3. 测试结果

对 6 种测试样品进行核磁法和烘箱法检测，除个别烟梗样品外，烟片、叶丝、梗丝、膨胀烟丝、薄片几种烟草物料的测量结果差异均小于1个百分点,标准差、变异系数均较小,说明低场核磁共振技术的稳定性相对较好。在用烘箱法测定烟草物料水分的过程中,加热易造成物质挥发而导致测定结果偏大,物料内部少量结合水无法彻底烘出也可能导致结果偏小。而低场核磁共振技术克服了这些缺陷,使得测定结果的稳定性相对较好。

(九)检测方法的重复性和再现性

1. 检测方法的重复性

在实验测试水平范围内,测试结果的精密度为72.00～279.99(换算成水分为0.04%～0.16%),所测烟丝样品的日内重复性和日间重复性结果的变异系数均在2%以内,可以较为可靠地用以测定烟草样品的水分含量。

2. 检测方法的再现性

为了还原生产过程,检测样品未经过平衡处理,以切后烟丝、叶丝增温增湿后烟丝、烘后烟丝、干头干尾丝等为测试样品,测试样品水分梯度涵盖了生产过程中的水分范围。按《测量方法与结果的准确度(正确度与精密度)第2部分:确定标准测量方法重复性与再现性的基本方法》(GB/T 6379.2—2004)评价该测试方法的重复性与再现性,核磁共振检测方法的重复性标准偏差、再现性标准偏差分别为0.07%～0.36%与0.16%～0.36%,表明该方法稳定性较好,不同实验室间检测结果具有良好的一致性。

(十)核磁法与其他烟草水分含量测试方法比对

对不同工序的烟草及烟草制品样品进行了核磁法、烘箱法、气相色谱法和卡尔·费休法测定烟草水分的对比实验,烘箱法测定的水分均较卡尔·费休法的测定结果要高。产生差别的原因是核磁法采用的是烘箱法水分定标,而烘箱法、卡尔·费休法两种测定烟草水分的方法原理不同,烘箱法测定值为水和其他挥发性物质之和,卡尔·费休法测定值为较为纯粹的水分的含量。

参考文献

[1] HAN M, WANG P, XU X, et al. Low-field NMR study of heat-induced gelation of pork myofibrillar proteins and its relationship with microstructural characteristics[J]. Food Research International, 2014, 62: 1175-1182.

[2] SIBGATULLIN T A, DE JAGER P A, VERGELDT F J, et al. Combined analysis of diffusion and relaxation behavior of water in apple parenchyma cells[J]. Biophysics, 2007, 52(2): 196-203.

[3] SHAO X, LI Y. Application of low-field NMR to analyze water characteristics and predict unfrozen water in blanched sweet corn[J]. Food and Bioprocess Technology,

2013, 6(6): 1593-1599.

[4] HILLS B P, REMIGEREAU B. NMR studies of changes in subcellular water compartmentation in parenchyma apple tissue during drying and freezing[J]. International Journal of Food Science and Technology, 1997, 32(1): 51-61.

[5] HANSEN C L, THYBO A K, Bertram H C, et al. Determination of dry matter content in potato tubers by low-field nuclear magnetic resonance (LF-NMR)[J]. Journal of Agricultural and Food Chemistry, 2010, 58(19): 10300-10304.

[6] MORTENSEN M, THYBO A K, BERTRAM H C, et al. Cooking effects on water distribution in potatoes using nuclear magnetic resonance relaxation[J]. Journal of Agricultural and Food Chemistry, 2005, 53(15): 5976-5981.

[7] 张绪坤, 祝树森, 黄俭花, 等. 用低场核磁分析胡萝卜切片干燥过程的内部水分变化[J]. 农业工程学报, 2012, 28(22): 282-287.

[8] 朱丹实, 梁洁玉, 吕佳煜, 等. 秋红李子贮藏过程中水分迁移对其质构的影响[J]. 现代食品科技, 2014, 30(12): 100-105, 42.

[9] 王永巍, 王欣, 刘宝林, 等. 低场核磁共振技术检测煎炸油品质[J]. 食品科学, 2012, 33(6): 171-175.

[10] 史然, 王欣, 刘宝林, 等. 大豆油煎炸过程理化指标与LF-NMR弛豫特性的相关性研究[J]. 分析测试学报, 2013, 32(6): 653-660.

[11] 周凝, 刘宝林, 王欣, 等. 米糠毛油掺伪食用植物油的低场核磁共振检测[J]. 食品发酵与工业, 2011, 37(3): 177-181.

[12] 姜潮, 韩剑众, 范佳利, 等. 低场核磁共振结合主成分分析法快速检测掺假牛乳[J]. 农业工程学报, 2010, 26(9): 340-344.

[13] GIANFERRI R, MAIOLI M, DELFINI M, et al. A low-resolution and high-resolution nuclear magnetic resonance integrated approach to investigate the physical structure and metabolic profile of Mozzarella di Bufala Campana cheese[J]. International Dairy Journal, 2007, 17(2): 167-176.

[14] SALOMONSEN T, SEJERSEN M T, VIERECK N, et al. Water mobility in acidified milk drinks studied by low-field 1H NMR[J]. International Dairy Journal, 2007, 17(4): 294-301.

[15] 梁国海, 刘百战, 朱仲良, 等. 应用低场核磁共振技术分析烟丝样品含水率的方法[J]. 中国烟草学报, 2014, 20(5): 6-11.

[16] 魏硕, 王德勋, 苏家恩, 等. 低场核磁共振法测定烘烤过程中烤烟主脉的水分[J]. 烟草科技, 2016, 49(10): 31-35.

[17] 韩李锋, 陈良元, 李旭, 等. 不同烟草材料中水分赋存状态的低场核磁共振分析[J]. 烟草科技, 2017, 50(4): 68-70.

[18] 宋朝鹏, 魏硕, 贺帆, 等. 利用低场核磁共振分析烘烤过程烟叶水分迁移干燥

特性[J].中国烟草学报,2017,23(4):50-55.

[19] 国家烟草专卖局.烟草及烟草制品 试样的制备和水分的测定 烘箱法:YC/T 31—1996[S].北京:中国标准出版社,1996.

[20] 国家能源局.岩样核磁共振参数实验室测量规范:SY/T 6490—2014[S].北京:中国标准出版社,2023.

后　　记

在发展新质生产力的要求下,新型快速分析技术对卷烟高质量发展有着重要的推动作用。

一、提升生产效率与智能化水平

高效检测与快速响应:新型快速分析技术显著缩短了检测周期,实现了对原料、半成品及成品的即时检测与分析。这种高效性使得卷烟企业能够迅速获取生产数据,及时调整生产参数,优化生产流程,从而提升生产效率。同时,它也使企业具备了更强的市场响应能力,能够更快地适应市场需求变化。

智能化升级:随着人工智能、大数据等技术的融合应用,新型快速分析技术正逐步实现智能化升级。通过构建智能分析系统,卷烟企业能够实现对生产数据的深度挖掘与分析,为生产决策提供科学依据。这种智能化生产方式不仅提高了决策效率,还降低了人为错误的风险,推动了卷烟行业的智能化转型。

二、优化产品质量与稳定性

精准控制:新型快速分析技术能够精确测量卷烟的各项物理、化学指标,如焦油量、烟气成分等,从而实现对产品质量的精准控制。通过实时监测和数据分析,企业可以及时发现并解决生产过程中的问题,确保产品质量的稳定性和一致性。

提升品质:在高质量发展的新要求下,卷烟企业不仅需要满足消费者对产品质量的基本要求,还需要不断提升产品品质。新型快速分析技术的应用有助于企业更好地把握产品特性,优化配方设计,提升产品口感和品质,满足消费者对高品质卷烟的需求。

三、推动技术创新与产业升级

技术引领:新型快速分析技术是卷烟行业技术创新的重要方向之一。通过不断研发和应用新技术,卷烟企业可以提升自身技术实力,推动产业升级。这种技术创新不仅有助于提升企业的市场竞争力,还有助于推动整个行业的科技进步和可持续发展。

模式创新:随着新型快速分析技术的应用,卷烟企业的生产模式也将发生深刻变化。企业将更加注重数据驱动和智能化管理,通过构建智能制造体系,实现生产过程的透明化、可视化和可追溯化。这种模式创新将有助于提高企业的生产效率和产品质量,推动卷烟行业的高质量发展。

四、促进绿色发展与可持续发展

节能减排：新型快速分析技术有助于卷烟企业在生产过程中实现节能减排。通过精准控制生产参数和优化生产工艺，企业可以减少能源消耗和污染物排放，降低对环境的影响。这种绿色生产方式符合新质生产力对绿色、循环和可持续发展的要求。

环保产品：在高质量发展的背景下，卷烟企业也需要注重环保产品的开发。新型快速分析技术可以为企业提供更加精准的环保检测手段，帮助企业研发出更加环保、低碳的卷烟产品。这有助于提升企业的社会形象和品牌价值，推动行业的可持续发展。

综上，新型快速分析技术对卷烟高质量发展的影响是多方面的，它不仅提升了生产效率与智能化水平、优化了产品质量与稳定性，还推动了技术创新与产业升级、促进了绿色发展与可持续发展。这些影响共同作用于卷烟行业，推动了其向高质量发展阶段的迈进。

本书围绕实时直接分析离子源-串联质谱（DART-MS/MS）技术、表面增强拉曼光谱（SERS）技术、高分辨质谱仪（Orbitrap-MS & TOF-MS）技术、低场核磁共振（NMR）技术共4项新型快速分析技术展开论述，介绍了各项技术的原理、结构、优缺点等，并着重说明了这些技术在卷烟中的应用，对烟草行业的健康有序发展起到了积极的促进作用。

本书除前言、后记外共四章。第一章为实时直接分析离子源-串联质谱（DART-MS/MS）技术，由李超、吴亿勤、范多青、常宇、宋建红和王涛等编写；第二章为基于表面增强拉曼光谱（SERS）技术的配制后香精品质检测技术应用，由许春平、高阳、饶颖、陈芳锐、叶灵和刘欣等编写；第三章为高分辨质谱仪（Orbitrap-MS & TOF-MS）技术，由吴秉宇、关斌、杨蕾、刘巍、徐杨斌和张静等编写；第四章为基于低场核磁共振（NMR）技术的烟草水分检测方法，由许春平、徐淑浩、苏加坤、杨继、赵群和缪燕霞等编写。

目前，现代分析技术向着快速、无损和便捷方向发展，从单一技术应用向着两种或多种技术结合应用方向发展。本书通过对新型快速分析技术和应用的介绍，让读者特别是烟草科技工作者对新型快速分析技术的基本原理有所了解，使用方法有所认识，进而产生更多思路，从而助力卷烟工业生产，为消费者提供优质产品。由于新型快速分析技术涉及的学科和技术较为广泛，其知识体系和内容都还在不断发展，而作者水平有限，书中难免会出现疏漏，敬请读者指正。